全国高等院校计算机基础教育"十三五"规划教材

办公自动化案例教程

朱家荣　黄学理　主　编

农修德　刘溯奇　邓广彪　副主编

中国铁道出版社有限公司

CHINA RAILWAY PUBLISHING HOUSE CO., LTD.

内 容 简 介

本书通过 11 个案例全面系统地介绍了办公自动化的基础知识及其相关操作，内容覆盖 Office 2013 的主要知识点。每个案例配有若干个实训练习。本书的编写注重操作，奉行"做中学，学中做"的编写原则。"办公自动化"课程是"计算机文化基础"课程的后续课程，其学习目的是进一步提高学生的办公软件操作技能，提升其办公技巧。

本书适合大学本科、专科各专业学生作为教材，也适合广大社会人员自学使用。

图书在版编目（CIP）数据

办公自动化案例教程/朱家荣，黄学理主编.—北京：
中国铁道出版社，2019.1（2019.12重印）
全国高等院校计算机基础教育"十三五"规划教材
ISBN 978-7-113-25310-3

Ⅰ.①办…　Ⅱ.①朱…②黄…　Ⅲ.①办公自动化-
应用软件-高等学校-教材　Ⅳ.①TP317.1

中国版本图书馆 CIP 数据核字（2019）第 010731 号

书　　名：办公自动化案例教程
作　　者：朱家荣　黄学理　主编

策　　划：韩从付　　　　　　　　　　读者热线：（010）63550836
责任编辑：刘丽丽　周海燕
封面设计：刘　颖
责任校对：张玉华
责任印制：郭向伟

出版发行：中国铁道出版社有限公司（100054，北京市西城区右安门西街 8 号）
网　　址：http://www.tdpress.com/51eds/
印　　刷：北京铭成印刷有限公司
版　　次：2019 年 1 月第 1 版　　2019 年 12 月第 2 次印刷
开　　本：787 mm×1 092 mm　1/16　印张：13.25　字数：330 千
书　　号：ISBN 978-7-113-25310-3
定　　价：45.00 元

前 言

随着经济和科技的发展，办公自动化在企业人事管理、财务管理、企业招聘、产品演示与推广、生产控制等领域均起到非常重要的作用。使用计算机进行自动化办公比传统的办公形式更为科学、高效，因此，一名办公人员最基本的要求是熟练使用办公软件。

本书通过精选 11 个经典案例全面系统地介绍了办公自动化的基础知识及其相关操作，每个案例配有若干个实训练习，内容覆盖 Office 2013 的主要知识点。本书在编写过程中注重操作，奉行"做中学，学中做"的编写原则。"办公自动化"课程是"计算机文化基础"课程的后续课程，其学习目的是进一步提高学生的办公软件操作技能，提升其办公技巧。本书适合大学本科、专科各专业学生学习，也适合广大社会人员自学使用。

本书由朱家荣（广西高等学校计算机基础课程教学指导委员会委员）、黄学理担任主编，由农修德、刘溯奇、邓广彪等办公自动化课程的一线主讲教师担任副主编。其中，案例一～案例四由朱家荣编写，案例五～案例八由黄学理编写，案例九由农修德编写，案例十由刘溯奇编写，案例十一由邓广彪编写。全书由黄学理统稿。另外，本书得到了许多教师的帮助和支持，他们提出了许多宝贵的意见和建议，在此表示衷心的感谢。

由于编写时间较仓促，加之计算机技术的飞速发展，许多问题研究得不够深入，书中难免有疏漏和不妥之处，为便于我们对本书进一步修订、完善，恳请专家、教师及广大读者多提宝贵意见。

编 者

2018 年 12 月

目 录

本书导读 ▶

本书共由 11 个案例组成，每个案例又配有若干个实训练习，内容覆盖 Office 2013 的主要知识点。本书的编写注重操作，奉行"做中学，学中做"的编写原则。"办公自动化"课程是"计算机文化基础"课程的后续课程，其学习目的是进一步提高学生的办公软件操作技能。本书适合大学本科、专科各专业学生学习，也适合广大社会人员自学使用。

0.1　案　例　结　构

书中每一个案例的结构基本上都是相同的，包括"知识目标""能力目标""案例情境""案例分析""操作要求""操作过程""实训操作"七个部分。

0.1.1　知识目标

列出本案例的主要知识点，让读者了解通过本案例的学习，应该掌握哪些知识点和基本的操作技能。

0.1.2　能力目标

指出学习本案例后要达到的能力目标。

0.1.3　案例情境

虽然案例情境是虚构的，但却是一个实际应用的例子。学习办公软件操作的最终目的就是要学以致用，能解决工作中的问题。

0.1.4　案例分析

对本案例的素材或者文档效果进行分析，有助于了解案例的特点，了解操作重点，并形成操作思路。

0.1.5　操作要求

提出本案例的具体操作要求和操作顺序。明确的操作要求是我们实施操作过程的依据。

0.1.6　操作过程

根据操作要求和顺序，分别讲解每一个环节的具体实施过程。对每一个案例都列举了详细的操作步骤，并且配有大量的操作插图，做到图文并茂。插图是操作步骤的形象化，会让学习办公软件操作变得形象有趣。

0.1.7　实训操作

每个案例都配有若干实训案例，以求强化练习，熟能生巧。实训操作并不完全是旧知识的重复，有的实训操作就包含新的知识点，是案例内容的拓展。

0.2　案例的主线和副线

每个案例包含两条线索。主线按照操作要求→操作过程→实训操作的顺序展开，副线是穿插在主线中的"提个醒"和"相关知识"。"提个醒"是对相应操作知识点的简短补充说明，"相关知识"也是对相应操作知识点的补充说明，但比"提个醒"部分更加具体和系统。

0.3　插图解释

本书的插图中有许多是具体操作步骤的形象化、图形化。直接看图，就知道是做什么操作了。如图 0-1 所示是案例一的第 15 个配图，是将标题"大学生沉迷网络案例分析"字体设置为"华文中宋"的操作步骤。图中的序号①、②、③表示操作顺序，图中的椭圆，表示操作目标。比如③选择字体，就是选择"华文中宋"字体。许多地方我们都可以通过看图明白操作方法。

0.4　表　达　约　定

在描述操作步骤时，本书有两种表达方式，分步详细表达和链式简约表达，如表 0-1 所示。许多地方我们采用分步详细表达，偶尔也用链式简约表达。

0.5　材料包的结构

本教材配备了两个材料文件夹，分别是"素材"文件夹和"最终效果"文件夹。"素材"文件夹里包含各个案例的操作素材文件（包括实训素材）。"最终效果"文件夹里包含各个案例的操作成品文档，是素材文档操作后的成品文档，可供读者参考。

为了更有效地学习，本课程要求读者创建一个名为"我的作品"文件夹，用于存放读者操作练习的文档。

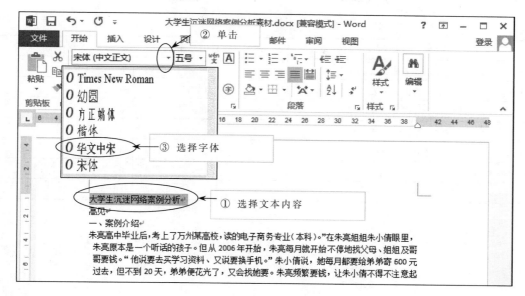

图 0-1　标题字体格式设置示意图

表 0-1　操作文字表达约定

分步详细表达	链式简约表达
例如： （1）切换到【文件】选项卡，选择【另存为】命令； （2）选择【计算机】； （3）在右侧计算机栏中单击【浏览】命令，打开【另存为】对话框	【文件】/【另存为】/【计算机】/【浏览】/【另存为】 注："/"起到分隔作用

0.6　课 时 分 配

课时分配，只是作为一个参考，可根据学生的基本情况和每学期的总课时进行调整。这里的课时分配是按照每周 3 课时，共 17 周来分配的，如表 0-2 所示。在教学中很难将理论课和操作实践课完全分离开，应该是以操作为主，讲解理论时就应该相应地进行练习。比较难学的是案例四、案例五、案例七、案例八。

表 0-2　课时分配（参考）

案　　例	理论	操作	合计
案例一　文字型文档的编辑排版	1	2	3
案例二　制作一份邀请函	1	2	3
案例三　规则表格的制作	1	2	3
案例四　不规则表格的制作	1	2	3
案例五　学生毕业论文的排版	2	4	6
案例六　制作一份独特的个人简历	1	2	3

续表

案　　例	理论	操作	合　计
案例七　制作一份新生基本情况表	2	3	5
案例八　制作期考试卷数据分析表	2	4	6
案例九　学生期考质量分析与统计	2	4	6
案例十　用 PowerPoint 制作物理课件	1	2	3
案例十一　演示文稿的高级编辑	1	2	3
机动与复习		6	6
	15	35	50

案例一 ▶

⟫⟫文字型文档的编辑排版

文字型文档是指文档中只包含文本内容，没有图形、表格等其他对象的文档。这类文档的文本分为标题和正文两部分，标题的字号设置要大一些，要醒目，正文文字字体适中，符合书写习惯。编辑排版包括字体格式设置、段落格式设置、页面设置和打印设置等操作。

知识目标

（1）掌握字体格式与段落格式的设置方法。
（2）掌握页面设置的设置方法。
（3）掌握利用【查找和替换】对话框删除或更改特殊符号的操作方法。
（4）掌握文档的打印设置方法。

能力目标

能够利用所学的知识快速准确地对文档进行编辑排版。

1.1 案例情境

小李，今年 23 岁，大学本科毕业，刚受聘于某高校二级学院当秘书。小李精通办公软件，获国家 MS Office 二级证书。这一天，大一辅导员小张拿着一个 U 盘急匆匆地来求助小李，请小李帮忙处理一个文档。辅导员小张说，现在大学生沉溺网络很严重，想开一个讨论沉溺网络危害性的主题班会，现在从网上下载了一些相关的材料，想编辑打印成文。该如何处理？

1.2 案例分析

从辅导员小张自网上下载的文档材料看，文档只包含文字，没有图形对象和表格，我们称之为文字型文档。

这是一篇从网上下载的文章，由于网页格式与 Word 格式不同，素材中出现了网络下载文档中常见的问题。第一，出现了许多的西文空格，这些西文空格在网页中起到加大字符间距的作用；第二，出现了许多手动换行符（软回车）；第三，出现了许多起扩大段落间距作用的回车符。以上提到的西文空格、起扩大段间距作用的回车符在 Word 中都没有意义，应该将它们删除，一般应将手动换行符（软回车）替换为段落标记（硬回车）。

1.3 操作要求

（1）打开"素材/案例一"文件夹中的"大学生沉迷网络案例分析（素材）.docx"文件，然后将文件另存为"大学生沉迷网络案例分析.docx"。保存位置在"我的作品/案例一"的文件夹中。

（2）将文中的所有西文空格删除，将文中的所有软回车（又称手动换行符）更改为硬回车（又称段落标记），删除多余的回车符。

（3）页面设置：纸张大小为 A4，上、下边距为 2.5 厘米，左、右边距为 2.5 厘米。

（4）将标题"大学生沉迷网络案例分析"设置为华文中宋，一号字，居中对齐，标题与下段的距离为 0.5 行；将作者姓名设置为华文中宋，四号字，居中对齐，姓名与下一段的距离为 1 行。

（5）一、二、三、……等所有标题段落设置为华文中宋，小二号字，标题与前后段落的段间距为 15 磅，为了操作方便可使用格式刷完成。

（6）正文各段设置为仿宋，四号字，首行缩进 2 个字符，行间距为 1.5 倍行距。

（7）为位于标题"二、关于"网络成瘾"的含义及其划分"部分的"网络成瘾类型的划分，根据文献研究，认为存在 5 种类型："下方的五个段落设置项目符号，项目符号样式为"➢"。

（8）为位于标题"三、大学生网络成瘾的原因分析"部分的"(一)大学生沉迷网络主观原因"下方的 5 个段落设置自动编号，自动编号的格式为"1.、2.、3.、……"。

（9）给文章添加水印，水印文字为"大学生沉迷网络的案例分析"。

案例一部分效果如图 1-1 所示。

1.4 认识 Word 2013 工作界面

Word 2013 工作界面如图 1-2 所示。界面主要包括：快速访问工具栏、标题栏、选项卡功能区、文档编辑区、状态栏和视图栏。界面中各个部分的功能分别介绍如下。

1.4.1 快速访问工具栏

默认情况下，该区域只有 4 个功能按钮，分别是"程序控制"命令、"保存"命令、"撤销"命令和"恢复"命令。如果想要添加更多命令按钮，可单击其右侧的【更多】按钮 ，在弹出的菜单中，勾选所需的命令，更多的命令请单击"其他命令"，打开【Word 选项】对话框，在该对话框中添加。

1.4.2 标题栏

显示当前文档的文档名和文档类型，如果是新建文档，则显示新建文件的临时文件名为"文档 1.docx"。其右侧的五个按钮分别是"帮助"命令、"功能区显示选项"命令 、"最小化"命令、"最大化/还原"命令、"关闭"命令。其中"功能区显示选项"命令 用于控制显示或隐藏功能区。

大学生沉迷网络案例分析

高见

一、案例介绍

朱亮高中毕业后,考上了万州某高校,读的电子商务专业(本科)。在朱亮姐姐朱小倩眼里,朱亮原本是一个听话的孩子。但从2006年开始,朱亮每月就开始不停地找父母、姐姐及哥哥要钱。"他说要去买学习资料、又说要换手机。"朱小倩说,她每月都要给弟弟寄600元过去,但不到20天,弟弟便花光了,又会找她要。朱亮频繁要钱,让朱小倩不得不注意起弟弟来。"我从他同学、老师处了解到,弟弟喜欢到外面去上网玩游戏,长期通宵不寝室,甚至不去学校上课。"2006年6月底,朱小倩得知,弟弟没去参加期末考试。得知这一情况,朱小倩给弟弟打电话,叫弟弟办理休学,先回老家上班。"主要是想让他不再沉溺于游戏中。"朱小倩告诉记者,当年8月,她在青岛一家饭店给弟弟找了份服务员工作,但弟弟只干了一个月就觉得太累不干了。2007年3月,朱亮称要重回学校读书,于是他从家里拿走一万多元学费,回到了万州。但这之后,朱亮就突然与家里失去了联系,也没再回山东老家。2014年除夕,远在山东的姐姐朱小倩突然接到万州民警打来的电话,问她是不是有一个失散多年的弟弟。原来,万州刑警在追捕嫌疑人时,因朱亮与一嫌疑人长相相似,才"意外"找到了在外流浪的他

- 网络色情成瘾:这类成瘾者沉迷于访问成人色情网站,浏览色情淫秽信息或图片。
- 信息收集成瘾:这类成瘾者消耗大量的时间浏览各个网页,致力于在网上查找和搜集过多的数据、信息或资料。
- 网络购物成瘾:此类成瘾者沉迷于在网络上搜罗各种商品,不惜划给大量的时间和金钱盲目地购买大量物品。案例中的朱亮是网络游戏成瘾,整天沉迷于网络。

三、大学生网络成瘾的原因分析

大学生沉迷网络的原因十分复杂,尤其是对于内向敏感、现实人际交往困难的同学,易沉迷于网络。下面简单分析一下大学生沉迷网络的原因:

(一)大学生沉迷网络主观原因

1. 难以适应大学的自主学习方式。调查结果显示,大学生角色转换滞后,多年应试教育养成的学习习惯难以适应大学的自主式学习。

2. 社交需要。一部分大学生因自身性格孤僻、不擅与人沟通,导致生活极度空虚。

3. 从众心理的需要。大学校园中从众现象比较普遍,网络成瘾在大学生中也呈现出小群体现象,多集中在一个宿舍或一个班级。

4. 求知欲与好奇心的驱使。网络具有满足大学生众多需求的功能,如表达情感的需求、性心理表露的需求、网上娱乐心理的满足及丧失身份、实现角色扮演的愿望等。且呈现方式易为学生理解和接受,使学生沉迷于网络世界而不能自拔。

5. 理想与现实矛盾影响。大学生在离家求学过程中自我意识发生变化,自我认识存在波动,体验到了社会、家庭的厚望,同时也感到责任。

二、关于"网络成瘾"的含义及其划分

网络成瘾(Internet Addiction Disorder 简称 IAD)是互联网使用中负面影响最严重的,也是网络心理学研究的重点。网络成瘾指在无成瘾物质作用下的上网行为冲动失控,表现为由于过度使用互联网而导致个体明显的社会、心理功能损害。欧居湖是这样定义网络成瘾的:"网络成瘾是以网络为中介,以网络中储存的交互式经验、信息等虚拟物质、信息为成瘾所引起的个体在网络使用中,沉醉于虚拟的交互性经验、信息中不能自主,长期和现实社会脱离,从而引发生理机能和社会、心理功能受损的行为。"

网络成瘾,又称病态网络使用,它指的是在无成瘾物质作用下的上网行为冲动失控,表现为由于过度使用互联网而导致个体明显的社会、心理功能损害。网络成瘾的实质,就在于作为网络行为活动主体的人,丧失了行为活动的自主性,而蜕变成为互联网络的"奴仆"。很多研究者注意到,网络成瘾最典型的行为特征是对网络和互联网络形成了深度的依赖。网络成瘾者在上网时会长时间的持续下去而乐此不疲;可是一但离开网络他们就会感到无所适从进而产生焦躁和紧张等负面情绪。案例中的朱亮到外面去上网玩游戏,长期通宵不回寝室,甚至不去学校上课就属于网络成瘾的现象。

网络成瘾类型的划分,根据文献研究,认为存在5中类型:

- 网络游戏成瘾:这类成瘾者沉迷于网络游戏。
- 网络关系成瘾:此类成瘾者流连往返于各类聊天软件中,将大部分的时间和经力倾注于网络关系和虚拟的感情当中。

与纪律的约束。

(二)大学生沉迷网络的客观原因

第一,与高校学习环境有关。首先,大学生可以自由支配的闲暇时间相对较多;其次,我国大部分高校课程设置以专业课为主,针对个人素质培养的课程不多不精,学生自我约束、控制力欠缺,他们倾向于用上网的方式来打发闲暇时间;再次,高校校园网络使用便利、费用低廉,且有关部门对校园周边盈利性网吧的监控薄弱,上网者较容易浏览到暴力和色情等极具诱惑的不良网站,这对大学生是一种无形的诱惑。

第二,家庭方面的原因。部分大学生的家庭经济状况欠佳,使之产生自卑情绪,心理负担重,于是借助网络寻求解脱;有些父母因忙于工作和生计,只关注子女成绩和能否拿到毕业证,而忽略情感沟通,导致子女与父母间出现交流障碍,寄情于网络;有的父母对子女的网瘾不良行为视而不见,听之任之,使之越陷越深,等等。

四、对大学生进行网络思想政治教育的必要性

网络思想政治教育的受众,从广义上来说,凡是上网的人都应成为网络思想政治教育的受众,一方面是思想政治教育的责任和任务决定的,另一方面也是网络的特点和社会发展的需要所决定的。从狭义上来讲,网络思想政治教育的受众主要是指上网的青少年群体,特别是正在接受教育的青少年学生,即大中小学生,因为他们既是上网的主要群体,同时也是受网络各种复杂信息影响最大的群体,因此网络思想政治教育受众主要指的是青少年群体,主要理由:

在网上开展思想政治教育是信息化社会发展的需要,特别是培养和教

图 1-1 案例一部分效果图

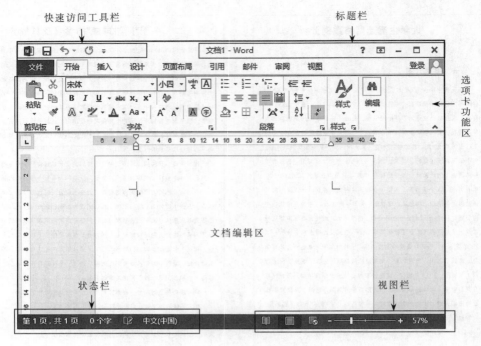

图 1-2　Word 2013 工作界面

1.4.3　选项卡功能区

选项卡是 Word 2013 中最主要的功能部分，共包括九个选项卡，分别是"文件""开始""插入""设计""页面布局""引用""邮件""审阅""视图"。每个选项卡都有功能区，功能区中包含有许多命令按钮或下拉菜单，每个命令按钮将执行某项特定的功能，下拉菜单的菜单项也可执行某项特定的功能。

按照命令按钮的功能分类，每个选项卡的功能区又划分为若干个分组，图 1-3 所示是【开始】选项卡功能区部分分组示意图。

图 1-3　【开始】选项卡的功能区分组

由于功能区的空间有限，功能区显示的命令按钮只是常用的命令，更多的功能要单击各个分组右下角的【功能扩展】按钮，也称为"更多"按钮，展开更多的功能。单击【功能扩展】按钮，通常会打开一个对话框窗口，比如，单击【字体】分组【功能扩展】按钮 会打开【字体】对话框，如图1-4所示。

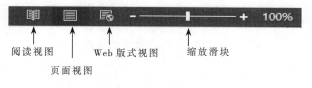

图1-4 【字体】对话框

1.4.4 文档编辑区

文档编辑区用于显示文档内容，我们对文档的编辑、排版就在这个区域进行。文档编辑区的上方和左侧有文档标尺，右侧是垂直滚动条，通过滚动条可以查看文档的上下文内容。标尺可以被隐藏和显示。

1.4.5 状态栏

状态栏位于窗口的下方，主要显示当前页、总页数、总字数等信息。

1.4.6 视图栏

状态栏的右侧是视图栏，用于切换页面显示方式和调整编辑区的显示比例。图 1-5 所示是视图栏功能按钮示意图。

图1-5 视图栏功能按钮示意图

1.5 操作过程

1.5.1 打开素材文档并保存文档

1. 打开素材文件

打开"素材/案例一"文件夹，双击"大学生沉迷网络案例分析（素材）.docx"文件。

2. 保存文档

使用将文件"另存为"可以进行文档保存，操作示意图如图1-6和图1-7所示。

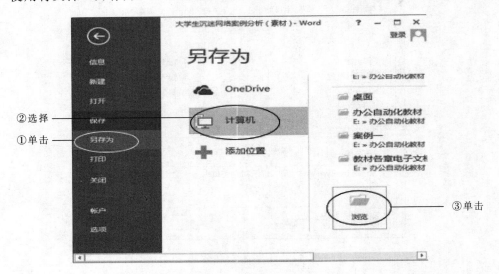

图1-6 文档另存为操作示意图（一）

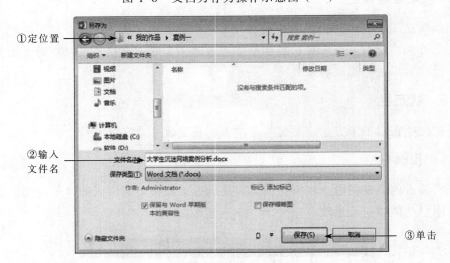

图1-7 文档另存为操作示意图（二）

操作步骤如下：

（1）切换到【文件】选项卡，选择【另存为】命令。

（2）选择【计算机】；

（3）在右侧计算机栏中单击【浏览】命令，打开【另存为】对话框。

（4）在【另存为】对话框中，设置保存位置为"我的作品/案例一"。

（5）文件名输入"大学生沉迷网络案例分析"。

（6）单击【保存】按钮。

①提个醒

图 1-6 中右侧栏是保存文件位置选择栏，【浏览】按钮的上方列举最近访问过的文件夹，如果刚好有所需要的保存位置可直接单击打开。

1.5.2　用替换命令进行批处理操作

要求：将文中的所有西文空格删除；将文中的所有软回车（又称手动换行符）更改为硬回车（又称段落标记）；批量删除多余的回车符。

素材文档中出现了许多无用的西文空格，我们要将它们全部删除。因为数量较多，一个一个的删除，效率较低，容易出错，使用【开始】选项卡【编辑】分组的【替换】命令进行操作，可以快速完成任务。同理，素材文档中出现了许多软回车，我们可以利用替换功能一次性将其更改为硬回车。我们也可以使用【查找和替换】对话框将多余的回车符批量删除。

1．删除所有西文空格

删除所有西文空格的操作示意图如图 1-8 所示。

图 1-8　删除西文空格操作示意图

操作步骤如下：

（1）切换到【开始】选项卡【编辑】分组中，单击【替换】命令，打开【查找和替换】对话框。

（2）在【查找和替换】对话框的【替换】选项卡中，在【查找内容】文本框中输入一个西文空格（注意在【替换为】中不要输入任何符号）。

（3）单击【全部替换】按钮。

相关知识

西文空格属于西文编码表的字符，中文空格属于国标码表的字符。在全角状态下输入的空格是中文空格，在半角状态下输入的空格是西文空格。简单地说，中文空格可以看作一个中文字，西文空格可以看作一个英文字符。从宽度上看，一个中文空格等于两个西文空格的宽度。比如说，设置段落首行缩进 2 字符，相当于按四个西文空格，或者敲两个中文空格。单击中文输入法的"全角/半角"命令，可以在"全角" ● 和"半角" ◖ 之间切换。一般输入英文字母和阿拉伯数字都是在半角状态下输入。

中文输入法工具栏如图 1-9 所示。

图 1-9　中文输入法工具栏

2．将软回车替换为硬回车

软回车也称为手动换行符，符号形状为 ↓。在某一段文本内插入一个软回车，则软回车后面的文本会分到下一行，但是下一行的文本不是新的一段。如图 1-10 所示，从"大学生沉迷网络的原因十分复杂……"到最后一行是同一个段落。手动换行符输入方法：按 Shift+回车键。这个符号在 Word 文档中很少用，多见于网页文件。

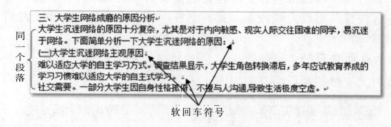

图 1-10　软回车符号

（1）打开【查找和替换】对话框。

① 切换到【开始】选项卡，在【编辑】分组中，单击【替换】按钮，打开【查找和替换】对话框。

② 在【查找和替换】对话框的【替换】选项卡中，单击【更多】按钮，会弹出【查找和替换】对话框下方扩展部分。此时，【更多】按钮变为【更少】按钮。

（2）设置【查找和替换】对话框的数据。

将手动换行符替换为段落标记的操作如图 1-11 所示。

操作步骤如下：

① 将插入点定位在【查找内容】文本框，然后单击【特殊格式】按钮，展开一个下拉菜单。在下拉菜单中选择 手动换行符(L)，这样在【查找内容】文本框中，插入了符号 ^l 。

② 把插入点定位在【替换为】文本框，然后单击【特殊格式】按钮，在展开出的下拉菜单中选择【段落标记】，这样在【替换为】文本框中插入了符号 ^p。

③ 最后，单击【全部替换】按钮，操作完毕。

3．删除多余的回车符

操作方法与"将软回车更改为硬回车"相似，只要在【查找内容】文本框中通过【特殊格式】下拉菜单输入两个"段落标记",在【替换为】文本框中通过【特殊格式】下拉菜单输入一个"段落标记"。它的含义是将两个连续出现的回车符替换为一个回车符,相当于删除了一个回车符,如图 1-12 所示。

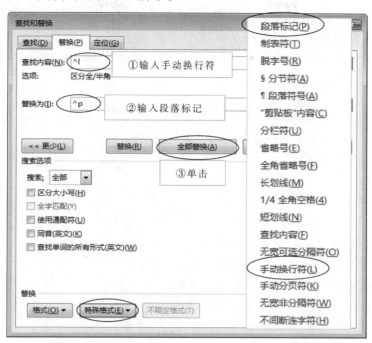

图 1-11 将手动换行符替换为段落标记

图 1-12 删除多余回车符

请多次单击【全部替换】按钮，一直到没有两个连续的回车符出现为止。

1.5.3 页面设置

要求：纸张大小为 A4，上、下边距为 2.5 厘米，左、右边距为 2.5 厘米。

1. 打开【页面布局】对话框

切换到【页面布局】选项卡，在【页面设置】分组中单击右下角的【功能扩展】按钮，如图 1-13 所示，打开【页面设置】对话框。

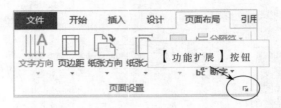

图 1-13 【页面设置】分组

2. 设置【页面布局】对话框的参数

（1）在【页面设置】对话框中切换到【纸张】选项卡。

（2）在【纸张大小】下拉列表框中选择 A4。

（3）切换到【页边距】选项卡。

（4）在【页边距】栏中设置上下左右边距为 2.5 厘米。

（5）单击【确定】按钮，如图 1-14 所示。

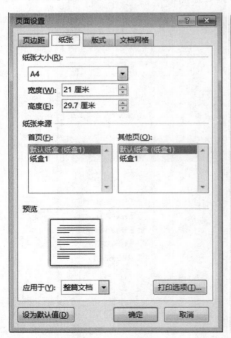
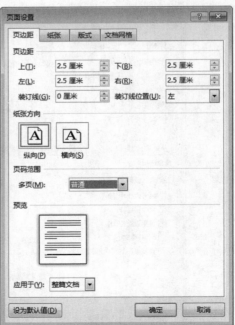

图 1-14 【页面设置】对话框

1.5.4 字体格式和段落格式设置

常用的字体格式包括中文字体、西文字体、字号（字的大小）、字体颜色、字形（加粗、倾斜、正常）等。

常用的段落格式包括对齐方式（左对齐、右对齐、居中对齐和两端对齐）、行间距、首行缩进、段落间距、段落左右缩进、项目符号、段落自动编号等。

这些功能位于【开始】选项卡的【字体】分组和【段落】分组。

1. 文档标题格式设置

（1）设置文档标题的字体格式。

操作示意图如图 1-15 所示。

① 选定第一段文字"大学生沉迷网络案例分析"。

② 单击【开始】选项卡【字体】分组的【字体】下拉菜单按钮 宋体(中文正文) ▾ ，选择"华文中宋"。

③ 单击【字号】下拉菜单按钮 五号 ▾ ，选择"一号"字。

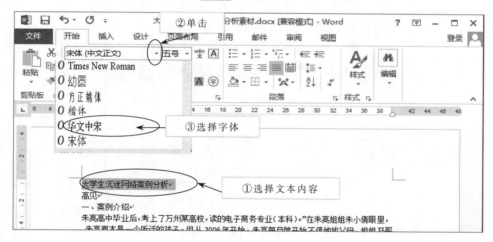

图 1-15　标题字体格式设置示意图

（2）设置文档标题的段落格式。

操作示意图如图 1-16 所示。

① 选定标题段落。

② 单击【段落】分组右下角的【功能扩展】按钮 ▣ ，打开【段落】对话框。

③ 在【段落】对话框中，【段后】文本框设置为 0.5 行，【对齐方式】设置为居中。

相关知识

（1）同一个段落中同时设置中文字体和西文字体，该如何操作？

比如将段落中的中文字体设置为"仿宋"，西文字体设置为"Times New Roman"。

同时设置中文字体和西文字体，可以在【字体】对话框中进行，如图 1-17 所示。

（2）左对齐和两端对齐的区别？

左对齐只保证段落各行的左边平整对齐，两端对齐将尽量使段落各行的左右两端平整对齐。一个段落，如果只有中文字体，那么左对齐与两端对齐效果相同；如果一个段落中既有中文字体又包含英文字体，或者全部是英文字体，应该设置为两端对齐，从而保证段落两端尽量平整。

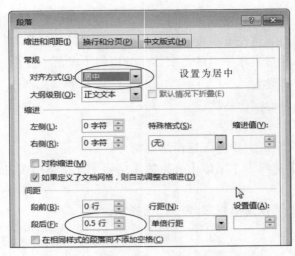

图1-16　段落格式对话框（部分截图）

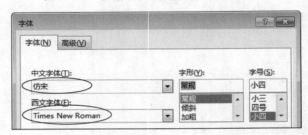

图1-17　同时设置中文字体和西文字体方法示意图

2．其他文本的格式设置与格式刷的使用

其他文本的格式设置与题目的格式设置方法相似，操作方法不再赘述。使用格式刷可以提高格式设置的效率。下面以设置小标题的格式为例讲解格式刷的使用。

本案例中的小标题共有6个，我们只要设置其中一个，其余5个可使用格式刷工具 **格式刷** 完成。现在假定小标题"一、案例介绍"的格式已经设置好了，利用"格式刷"完成其他小标题的格式设置，如图1-18所示。

操作步骤如下：

① 选择源文本对象"一、案例介绍"段落。注意，选择时要包括这段的"段落标记"。

② 双击选择【开始】/【剪贴板】分组/【格式刷】命令；这时指针变为刷子形状 **▲I**。

③ 拖动鼠标"扫过"目标文本对象"二、关于"网络成瘾"的含义及其划分"段落。这时，小标题"二、关于"网络成瘾"的含义及其划分"的格式与小标题"一、案例介绍"的格式一模一样。

④ 继续重复步骤③"刷一刷"其他小标题。

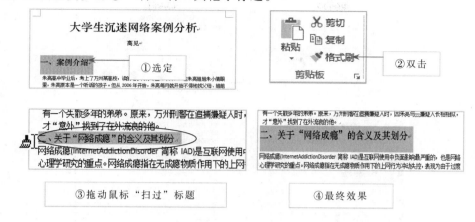

图 1-18 格式刷的使用

⑤ 当所有的标题设置完毕后，再次单击【格式刷】命令取消"格式刷"功能，指针恢复原状。

相关知识

1. 格式刷的功能

格式刷的功能就是把选定的文本对象（称为源对象）的格式（例如颜色、字体样式、字体大小、居中对齐、行间距等）复制下来，当用格式刷去刷某部分文本对象（称为目标对象）时，目标对象的格式就与源对象的格式一样了，可以将格式刷功能理解为格式的复制和粘贴。

2. 单击或双击格式刷

选定源对象之后，单击【格式刷】，则格式刷使用一次后就自动停止；双击【格式刷】，则格式刷可以使用多次，最后，通过再次单击【格式刷】或按键盘的"Esc"键，可取消"格式刷"功能。

1.5.5 项目符号和自动编号的设置

1. 项目符号的设置

项目符号适用于没有顺序要求的段落。使用项目符号，可以达到醒目的效果，而且文档的排版更加美观。

（1）选定要添加项目符号的文本段落。

（2）切换到【开始】选项卡，在【段落】分组中单击【项目符号】≡ ▾命令按钮右侧的三角按钮，会打开项目符号库，在项目符号库中选择所需的符号"●"。操作完成。

设置项目符号如图 1-19 所示。

2. 自动编号的设置

编号用于给若干个段落添加编号，使页面更加美观，更有条理。其操作方法与添加项目符号类似。

（1）选定要添加编号的文本段落。

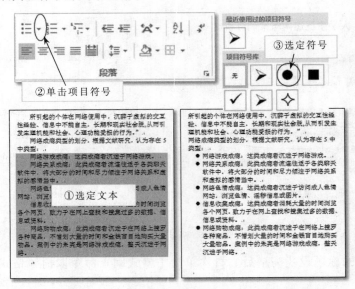

图 1-19 设置段落项目符号

（2）切换到【开始】选项卡，在【段落】分组中单击【编号】命令右侧的三角按钮，打开编号库。在编号库中选择所需样式。设置自动编号如图 1-20 所示。

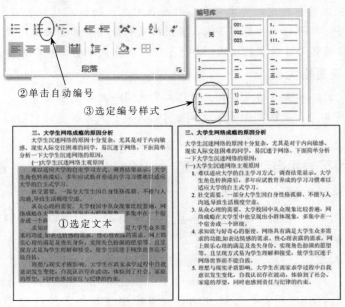

图 1-20 设置段落自动编号

相关知识

定义新项目符号和编号

在设置项目符号时，项目符号库可能没有所需的符号，这时可以自定义项目符号。我们以定义新符号"☎"为例进行讲解，如图 1-21 和图 1-22 所示。

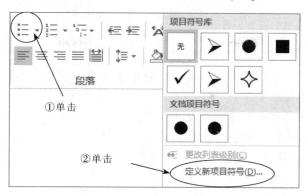

图 1-21　定义新项目符号示意图（一）

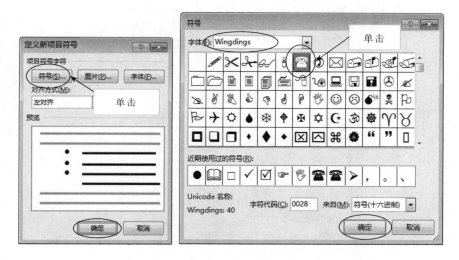

图 1-22　定义新项目符号示意图（二）

定义新项目符号的操作方法如下：

（1）切换到【开始】选项卡，在【段落】分组中，单击【项目符号】命令右侧的三角按钮，打开项目符号库菜单。

（2）单击菜单中的"定义新项目符号"选项，打开【定义新的项目符号】对话框。

（3）在【定义新的项目符号】对话框中单击【符号】按钮或【图片】按钮，都可以定义更多的新符号，我们单击【符号】命令，打开【符号】对话框。

（4）在【符号】对话框中选择"☎"符号，单击【确定】按钮。这样，符号"☎"就进入符号库了（在【字体】下拉列表框中选择"Wingdings"类型）。

（5）一直单击【确定】按钮完成操作。

定义新的编号格式操作是相类似的，读者可自行练习。

1.5.6　水印效果设置

水印分为"图片"水印和"文字"水印两种。水印对象的透明度低，看起来是暗淡的，它作为页面的背景，起到装饰的作用。

本案例制作的是文字水印，水印文字内容是"大学生沉迷网络案例分析"，操作如图 1-23 和图 1-24 所示。

操作步骤如下：

（1）切换到【设计】选项卡，在【页面背景】分组中单击【水印】命令按钮下方的三角按钮，打开水印功能菜单。

（2）单击水印功能菜单的【自定义水印】项目，打开【水印】对话框。

（3）在【水印】对话框中选项"文字水印"，在【文字】文本框中输入"大学生沉迷网络案例分析"，最后单击【确定】按钮完成操作。

图 1-23　定义水印操作示意图（一）

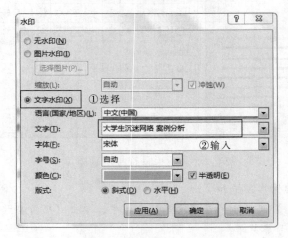

图 1-24　定义水印操作示意图（二）

1.6　实　训　操　作

实训 1　制作宣传海报

操作要求：

（1）打开"素材/案例一/实训 1/制作宣传海报（素材）.docx"，将其另存到"我的作品/案例一"，文件名更改为"制作宣传海报.docx"。

（2）插入图片"Word-海报背景图片.jpg"作为海报背景。

（3）文档中的字体格式和段落格式可自行设置，但要美观大方，所有内容要在一页纸完成。

提示：可参考成品文档进行设置，使用"格式刷"工具可提高工作效率。

实训 1 效果如图 1-25 所示。

图 1-25 实训 1 效果图

操作提示：

1. 设置背景图片

设置背景图片操作示意图如图 1-26 和图 1-27 所示。

操作步骤如下：

（1）切换到【设计】选项卡，在【页面背景】分组中单击【页面颜色】命令下方的三角按钮，打开【背景颜色填充】菜单。

（2）在【背景颜色填充】菜单中，选择【填充效果】，弹出【填充效果】对话框。

（3）在【填充效果】对话框中，切换到【图片】选项卡，单击【选择图片】按钮。

（4）弹出【插入图片】对话框，选择第一项【从文件】，单击【浏览】。

（5）按提示操作，找到图片文件，可以将图片作为背景插入文档。

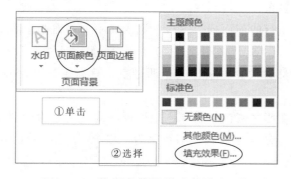

图 1-26 设置背景图片示意图（一）

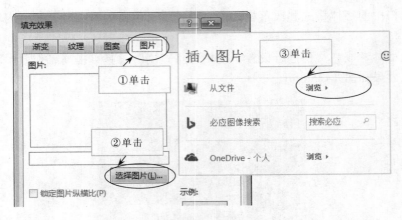

图 1-27　设置背景图片示意图（二）

2．字体格式和段落格式的设置

字体格式和段落格式的设置，不做具体要求，读者可在兼顾美观的情况下自行设置。利用"格式刷"命令可以提高操作效率。比如"报告题目:""报告人:""报告日期:""报告时间:""报告地点:"格式相同，只设置其中一个，其他可以利用"格式刷"完成。

实训 2　编辑从网上下载的文档

互联网是一个海量的文档库，经常从网上下载一些有用的资料是一个良好的习惯。从网上下载的文档，一般要经过格式设置和排版，才方便阅读、打印。本实训是从网上下载了一篇短文，然后双击进行编辑和排版，最终成为一篇美观的文档。

实训 2 效果如图 1-28 所示。

操作要求：

（1）打开"素材/案例一/实训 2/健康知识（素材）.docx"，将其另存到"我的作品/案例一"，文件名更改为"健康知识"。

（2）页面设置。将页边距中的左右边距设置为 2 厘米，其余数据采取默认数据（不用更改）。

（3）将文档中的多余回车符删除。

（4）在文档的第一行的前面插入一行，输入文字"高血脂患者的饮食原则是四低一高"作为文档标题。

（5）将文档正文部分设置为楷体，小四号字，首行缩进 2 字符，行间距为 1.25 倍行距。

（6）将标题"高血脂患者的饮食原则是四低一高"设置为幼圆，小一号字，居中对齐，段后间距 1 行，标题文字设置文字效果为"填充-紫色，着色 4，软棱台"，并设置一种映像效果。

（7）正文的第一段设置首字下沉效果，下沉行数为 2 行。

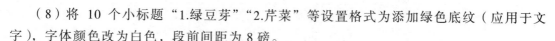

（8）将 10 个小标题"1.绿豆芽""2.芹菜"等设置格式为添加绿色底纹（应用于文字），字体颜色改为白色，段前间距为 8 磅。

（9）从"1.绿豆芽"起到文档末尾，设置为两栏格式。

（10）可参考效果文档进行排版编辑。

图 1-28　实训 2 部分效果图

操作提示：

1．关于"将文档中的多余回车符删除"

请参考"1.5.2 用替换命令进行批处理操作"部分相应内容。

2．关于插入标题行

有读者认为，文档已经从头书写，没有位置写标题了。其实很简单，只要将插入点定位在文档开始部分，然后按"回车键"，使在文档的开头插入了一个空的段落，就可以书写标题了。

3．关于段落格式中的间距与缩进

（1）段间距与行距。

在【段落】格式对话框中，间距分为段间距和行间距两种，段间距是指段落与段落的距离，单位有行和磅两种，为了不出差错，输入数据时要写上单位。

行间距是指段落中各行之间的距离。行间距有几种形式，分别是"单倍行距""1.5 倍行距""2 倍行距""多倍行距""最小值""固定值"几种。

如果想设置 1.25 倍行距，只要选择"多倍行距"，然后在"设置值"文本框中输入 1.25 就行了，如图 1-29 所示。

如果设置行距形式为固定值，则需要在设置值中输入磅值，磅值越大，距离越大。这种设置行距的方法有个不足之处，就是当加大段落中字体的字号时，文字只看见一部分，这时只有同时扩大行距的磅值了。

图 1-29　行间距的设置

（2）段落的缩进。

段落的缩进分为左右缩进和首行缩进两种，其中，首行缩进属于"特殊格式"。左右缩进是指段落中所有行都同时缩进。缩进的单位有"字符"和"厘米"两种，在输入数量时最好同时写单位以免出错。首行缩进是指段落中的第一行缩进，如图 1-30 所示。

图 1-30　段落缩进的设置

4．设置文本效果

本实训要将标题文字的效果设置为"填充-金色，着色 4，软棱台"，并设置一种映像效果。

操作方法如下：

（1）选定标题文字"高血脂患者的饮食原则是四低一高"。

（2）切换到【开始】选项卡，在【字体】分组中单击【文字效果】命令右侧的三角按钮，打开【文字效果】选项卡，选择一个效果样式。"填充-紫色，着色 4，软棱台"样式排在第一行，最后一列。

（3）在【文字效果】选项卡中，单击【映像】选项，可设置映像效果。

（4）也可以设置更多的效果。

效果操作如图 1-31 所示。

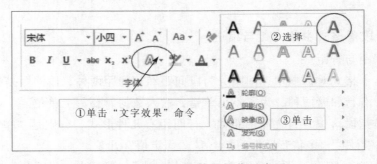

图 1-31　设置文字效果操作示意图

5．首字下沉的设置

设置首字下沉操作如图 1-32 所示。

（1）选择正文第一段或将插入点定位在正文第一段。

（2）切换到【插入】选项卡，在【文本】分组中单击【首字下沉】命令下方的三角按钮，弹出【首字下沉】菜单。

（3）单击【首字下沉选项】，弹出【首字下沉】对话框。

（4）在对话框中进行设置，位置选择【下沉】，【下沉行数】文本框输入2。

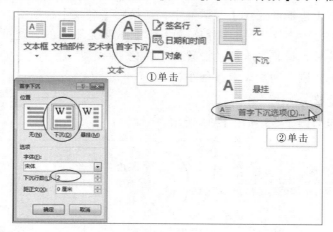

图 1-32 设置首字下沉示意图

6．文字底纹的设置

设置文字底纹操作如图 1-33 和图 1-34 所示。

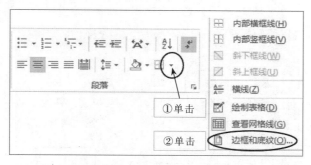

图 1-33 设置文字底纹操作示意图（一）

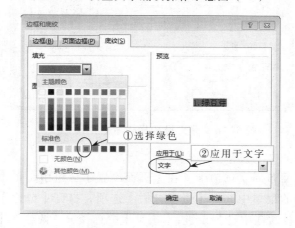

图 1-34 设置文字底纹操作示意图（二）

（1）选择文本，例如，本实训选择"1.绿豆芽"。

（2）切换到【开始】选项卡，在【段落】分组中单击【边框】命令 右侧的三角按钮，在弹出的菜单中选择【边框和底纹】选项。

（3）在弹出的【边框和底纹】对话框中，切换到【底纹】选项卡。注意：【应用于】有两种选择，一种是"文字"，另一种是"段落"，效果是不同的，这里选择"文字"。

（4）设置底纹后，请将文本颜色设置为"白色"。

（5）请用"格式刷"功能设置其他小标题。

7．分栏的设置

分栏设置操作如图 1-35 和图 1-36 所示。

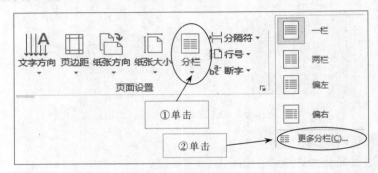

图 1-35　分栏设置操作示意图（一）

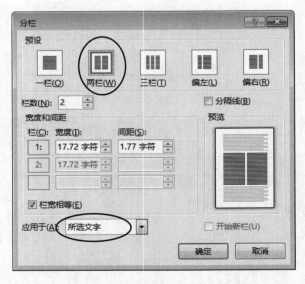

图 1-36　分栏设置操作示意图（二）

（1）选定要分栏的文本段落。

（2）切换到【页面布局】选项卡，在【页面设置】分组中，单击【分栏】命令下方的三角按钮，在弹出的菜单中选择【更多分栏】选项，打开【分栏】对话框。

（3）在【分栏】对话框中进行设置，【预设】中选择分"两栏"、【应用于】选择"所选文字"。

>>> 制作一份邀请函

在日常工作和商务往来中，经常遇到制作批量信封和邀请信函的问题。这些邀请函文档都有这样的特点：文档的结构（包括标题、文档内容、文档的格式设置）基本相同，所不同的是邀请函的邀请人姓名、称呼不同，或者某个特定地点、时间不同。邀请人的姓名、称呼或某个特定地点、特定时间通常可以方便地用一个 Excel 文件记录下来，或用 Word 文档以二维表的形式记录下来。

对于这些类型的文档，Word 2013 提供了邮件合并功能，能高效而又轻松地完成这些工作。

知识目标

(1) 掌握使用邮件合并功能制作批量邀请函的方法。
(2) 掌握使用邮件合并功能制作批量信封的方法。

能力目标

(1) 能够利用邮件合并功能编辑和制作精美实用的邀请函。
(2) 能够使用 Word 提供的制作批量信封向导制作批量信封。

2.1 案例情境

校学生会组织召开大学生就业与创业交流会，会邀请许多专家、教师和校友参加，为此，需要制作一批邀请函。如果用普通的 Word 文档方法制作，效率较低。现在使用 Word 的邮件合并功能制作，大大提高了工作效率。

2.2 案例分析

本案例需要给通讯录中指定的 20 名嘉宾撰写信函，并制作相应的信封。首先用一个 Excel 文档将嘉宾的信息记录下来，这个 Excel 文档称为数据源。数据源中要有姓名列，在编辑信函的时候要用，还应该有通信地址、邮政编码、公司名称等信息，在制作中文信封的时候用。

信函文档，称为主文档，其内容简洁，结构简单。两封信函中所不同的地方是姓名和称呼不同。邮件合并实际上就是主文档和数据源的合并。

批量中文信封的制作，可以使用【邮件】选项卡【创建】分组中的【中文信封】命令完成。

2.3 操作要求

（1）打开"素材/案例二/邀请函主文档（素材）.docx"，然后将文档另存为"邀请函主文档.docx"，保存到"我的作品/案例二"中。

（2）页面设置：将主文档设置为高 18 厘米，宽 30 厘米，使用普通页边距。

（3）将图片文件"主文档背景.png"设置为邀请函背景。

（4）适当调整邀请函内容的字体、字号和字体颜色，调整邀请函内容的段落对齐方式和行距。

（5）使用邮件合并功能在"尊敬的"后面插入拟邀请的嘉宾的姓名和称呼（嘉宾为男性的称为先生，嘉宾为女性的称呼为女士），邀请的嘉宾收录在"通信录.xls"文件中。

（6）邀请函编辑好之后，生成一个每页只包含一名嘉宾的信函文件，文件名为"邀请函.docx"。

（7）制作批量中文信封。

制作的数据源、信函和中文信封的效果如图 2-1、图 2-2 和图 2-3 所示。

姓名	性别	公司	地址	邮政编码	称谓
邓建威	男	电子工业出版社	北京市太平路23号	100036	主编
郭小春	男	中国青年出版社	北京市东城区东四十条94号	100007	副主编
陈岩捷	女	天津广播电视大学	天津市南开区迎水道1号	300191	老师
胡光荣	男	正同信息技术发展有限公司	北京市海淀区二里庄	100083	经理
李达志	男	清华大学出版社	北京市海淀区知春路西格玛中心	100080	副主编
赵明	女	北京钢铁制品厂	北京市东大街48号	105352	厂长

图 2-1　数据源截图

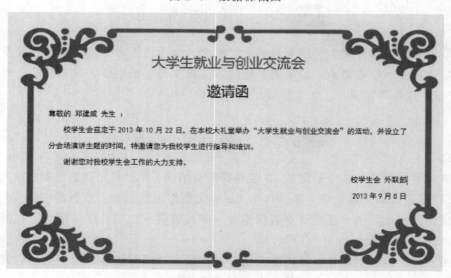

图 2-2　信函主文档样例

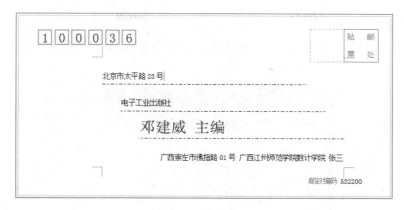

图 2-3 信封样式

2.4 操作过程

2.4.1 打开素材文档并保存文档

打开"素材/案例二"文件夹，双击打开"邀请函主文档（素材）.docx"文件，将文档另存为"我的作品/案例二/邀请函主文档.docx"。

2.4.2 页面设置

1. 设置页边距

"普通"页边距是 Word 2013 的内置格式。

切换到【页面布局】选项卡，在【页面设置】分组中单击【页边距】命令下方的三角按钮，在弹出的菜单中选择【普通】，如图 2-4 所示。

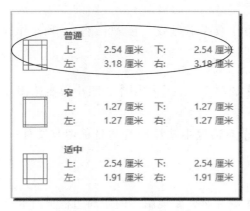

图 2-4 设置页边距

2．设置纸张大小

打开【页面设置】对话框，在【纸张大小】栏中输入高度 18 厘米，宽度 30 厘米，如图 2-5 所示。

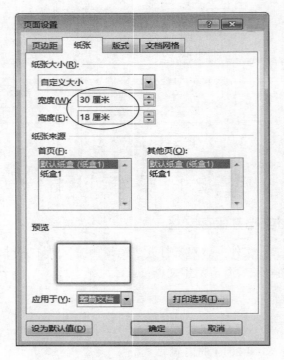

图 2-5　设置纸张大小

2.4.3　信函内容文本格式设置

适当地调整文字的字号、字体、对齐方式、颜色等。这些设置不做统一要求，可自行发挥，但要美观大方。

2.4.4　设置文档背景

设置背景图片可以采用案例一的实训 1 中介绍的方法完成，但是本案例提供的背景图片尺寸较小，用这种方法效果不理想，下面介绍另一种操作方法。

1．插入图片

（1）切换到【插入】选项卡，在【插图】分组中单击【图片】命令，如图 2-6 所示弹出【插入图片】对话框。

（2）在【插入图片】对话框中选择所需的目标图片文件，单击【插入】命令，如图 2-7 所示。

2．编辑图片

当我们单击图片选中图片时，发现图片的四周边框上有 8 个空心的小正方形，且选项卡组里多出了一个名为【图片工具】的选项卡。在图片外单击，取消选定图片，我们发现【图片工具】选项卡也消失了。【图片工具】选项卡是专门用来设置图片格式的，图片四周的 8 个空心正方形是用来设置图片大小的，我们称之为控制点。

图 2-6　插入图片操作示意图（一）

图 2-7　插入图片操作示意图（二）

设置图片换行方式操作如图 2-8 所示。

（1）单击选定图片。

（2）切换到【图片工具】/【格式】选项卡，在【排列】分组中单击【自动换行】命令下方的三角按钮，弹出一个设置文字环绕的菜单。

（3）在菜单中选择【浮于文字上方】。

（4）移动图片，拖动图片的控制点，改变图片的位置和大小，使图片刚好将整个页面遮住。

（5）单击选定图片，再次单击【图片工具】/【格式】选项卡，在【排列】分组中单击【自动换行】命令下方的三角按钮，在弹出的菜单中选择【衬于文字下方】，这时可看到文字又出现了，且图片在文字的下方。

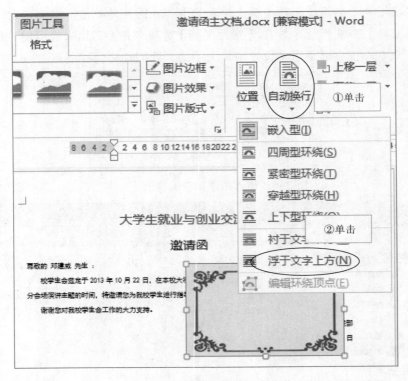

图 2-8 设置图片换行方式操作

提个醒

缩小页面显示比例后再拖动操作图片比较方便。缩小页面显示比例的方法操作如下：向左拖动视图栏的【显示比例】滑块。视图栏在 Word 窗口的右下角，如图 2-9 所示。

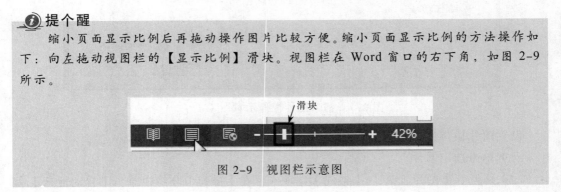

图 2-9 视图栏示意图

相关知识

1. 利用图片的 8 个控制点改变图片大小

当选定图片时，图片的边框会出现 8 个小正方形的控制点，拖动这些控制点可以改变图片的大小。

当指针移动到这些控制点时，指针的形状变会为"双箭头"（↔、↕、↖、↗），这时按下鼠标左键不放拖动鼠标可以改变图片的大小。

2. 移动图片

当指针移到图片范围内时，指针的形状会变为十字箭头样，按下鼠标左键不放拖动鼠标可以移动图片。

3. 图片的换行方式

插入的图形对象与文档中的文字如何"相处"呢？Word 提供了两种方式来处理图形对象与文字的位置关系。

第一种：嵌入型。

嵌入型图片保持其相对于文本部分的位置不变。在 Word 中，默认情况下以嵌入型图片的形式插入图片。

若图片设置为嵌入型，图片不容易被鼠标拖动移动位置。

第二种：浮动式。

可以这样认为，当把图片设置为浮动式格式，则文本是一个图层，图片是另外一个图层，可以非常方便地使用鼠标拖动图片移动位置。

根据文字的环绕方式不同，浮动式可分为"四周型环绕""紧密型环绕""穿越型环绕""上下行环绕""衬于文字下方""浮于文字上方"等几种。

四周型环绕、紧密型环绕和穿越型环绕这三种方式效果接近。当将图片设置为这三环绕方式时，文字将在图片四周绕行，图片并没有遮住文字。

上下型环绕：当移动图片时，文字只在图片的上方和下方。

浮于文字上方：移动图片时，图片会遮住文字。

衬于文字下方：图片在文字的下方，这种方式通常用来设置文字的背景。

到这里，我们已经将主文档设置好了，接下来将进行邮件合并操作。

2.4.5 邮件合并操作

1. 认识数据源的格式

数据源可以是 Excel 文档，也可以是 Word 文档，甚至可以是文本文档（.TXT），但最好是 Excel 文档。数据源格式是有要求的，必须是一个关系表。关系表是一个由行、列组成的二维表，我们以本案例的数据源为例进行讲解。

关系表的列，称为字段或称为域。它描述的是事物的某方面属性，每一列的第一行称为字段名或域名。关系表的行，称为记录。记录描述的是事物所有属性的集合。因为第一行是字段名，所以，第二行是第一条记录，第三行是第二条记录，依此类推，如图 2-10 所示。

图 2-11 所示的是两个错误的数据源格式。左图关系表的上方增加了"嘉宾通讯录"的标题，是不对的，必须把标题删除。右图的"电话"列分为电话 1 和电话 2 两个子列，不能用这种复杂的结构。

2. 开始邮件合并

切换到【邮件】选项卡，单击【开始邮件合并】分组的【开始邮件合并】命令的三角按钮，弹出一个下拉菜单，选择【信函】选项，如图 2-12 所示，开始邮件合并。

编号	姓名	性别	公司	
BY001	邓建威	男	电子工业出版社	域名
BY002	郭小春	男	中国青年出版社	第一条记录
BY007	陈岩捷	女	天津广播电视大学	第三条记录
BY008	胡光荣	男	正同信息技术发展有限公司	
BY005	李达志	男	清华大学出版社	
BY003	赵明	女	北京钢铁制品厂	
BY004	王大刚	男	南京科技有限公司	
BY006	刘中华	男	广西南宁市制药三厂	

"姓名"域

图 2-10 关系表示意图

嘉宾通讯录

编号	姓名	性别	公司
BY001	邓建威	男	电子工业出版社
BY002	郭小春	男	中国青年出版社
BY007	陈岩捷		
BY008	胡光荣		

姓名	性别	公司	电话	
			电话1	电话2
邓建威	男	电子工业出版社	0771-7825659	13197856812
郭小春	男	中国青年出版社	010-8759536	18907855345
陈岩捷	女	天津广播电视大学	012-7569875	25897852684
胡光荣	男	正同信息技术发展有限公司	011-12589758	18895345968

图 2-11 格式错误的数据源例子

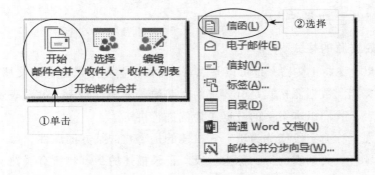

图 2-12 开始邮件合并

3．选择数据源文件

选项数据源操作如图 2-13、图 2-14 和图 2-15 所示。

（1）在【开始邮件合并】分组中单击【选择收件人】命令下方的三角按钮，弹出【选择收件人】菜单，选择【使用现有列表】选项，打开【选择数据源】对话框。

（2）在【选择数据源】对话框中选择本案例的数据源"通讯录.xlsx"，单击【打开】按钮。

（3）弹出【选择表格】对话框，选择【通讯录＄】选项，单击【确定】按钮。数据源有三张工作表，本案例的数据在【通讯录】工作表，所以选择【通讯录$】选项。

数据源设置完毕后可以看到【编写和插入域】分组等功能处于可用状态。

图 2-13 选择数据源操作（一）

图 2-14 选择数据源操作（二）

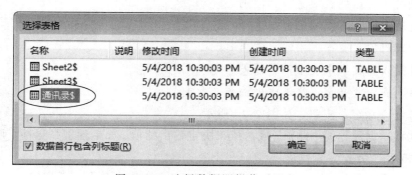

图 2-15 选择数据源操作（三）

4. 插入合并域

（1）插入姓名域。

① 将插入点定位在主文档的"尊敬的"文字后面。

② 单击【编写和插入域】分组的【插入合并域】命令按钮，弹出域名菜单，单击选择【姓名】域。此时，主文档插入点处出现的是姓名域符号**《姓名》**，如图 2-16 所示。

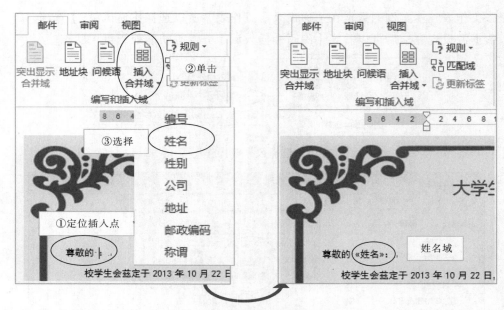

图 2-16　插入合并域示意图

（2）插入规则。

① 将指针定位在姓名域后面，单击【编写和插入域】分组的【规则】命令右侧的三角按钮，在下拉菜单中选择【如果…那么…否则（I）…】菜单项，打开【插入 Word域：IF】对话框。

② 填写或选择【插入 Word 域：IF】对话框的相应内容：

在【域名】下拉列表中选择"性别"。

在【比较条件】下拉列表框中选择"等于"。

在【比较对象】文本框中输入"男"。

在【则插入此文字】文本框中输入"先生"。

在【否则插入此文字】文本框中输入"女士"。

最后单击"确定"按钮，如图 2-17 所示。

此规则将根据数据源"性别"域的值来决定输出的值，如果性别是男性，则显示"先生"，否则显示"女士"。

思考：如果在【插入 word 域：IF】对话框中，【比较对象】文本框输入的是"女"，对话框中下面两个文本框该如何填写？

5．预览结果

单击【预览结果】分组的【预览结果】按钮，可以预览信函的邮件合并结果，如图 2-18 所示。此时，姓名域显示为相应记录的姓名值，称呼由相应记录的性别值确定，当性别为男时显示"先生"，当性别为"女"时显示"女士"。

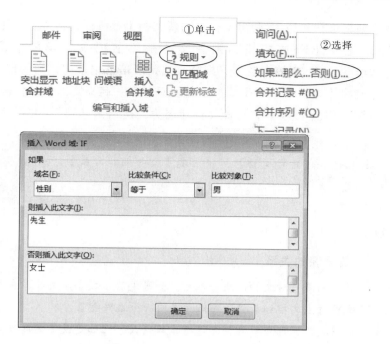

图 2-17　插入规则操作示意图

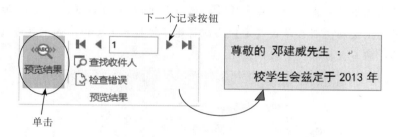

图 2-18　预览结果操作示意图

6.生成嘉宾信函文档

生成嘉宾信函文档操作如图 2-19 所示。

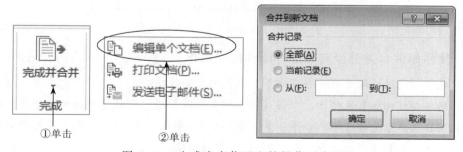

图 2-19　生成嘉宾信函文档操作示意图

（1）单击【邮件】选项卡【完成】分组的【完成并合并】按钮下方的三角按钮，弹出一个【完成并合并】菜单。

（2）选择【编辑单个文档】，弹出【合并到新文档】对话框，选择【全部】单选按钮（如果选【当前记录】单选按钮，则新文档是当前记录嘉宾的信函；如果选 ◎从(E)：[_____] 到(D)：[_____]，并填上数据，则新文档是所填的记录的嘉宾的信函）；

（3）单击【确定】按钮，就会生成一个每页只包含一名嘉宾的新的信函文件。此信函的临时文件名为"信函 1.docx"，将此文件命名为"邀请函.docx"，并保存。

ℹ️ **提个醒**

第二步中如果选择【打印文档】，将出现【合并到打印机】对话框，通过它可以打印文档。

🔍 **相关知识**

1．主文档与数据源的关系

主文档与数据源文档是一对文档，缺一不可。如果没有了数据源文档，主文档将不能正常打开。所以保存文件时主文档和数据源要保存在同一个文件夹里。

在主文档关闭的前提下，可以对数据源进行编辑修改，比如更改嘉宾的姓名，或者增加记录或者删除记录。再次打开主文档时将看到数据源的这些变化。

再次打开主文档时会出现一个名为【Microsoft Word】的对话框，如图 2-20 所示，询问是否将数据源与主文档关联，单击【是】按钮将能正常打开主文档，如果单击【否】按钮，打开的主文档，将与数据源失去联系。

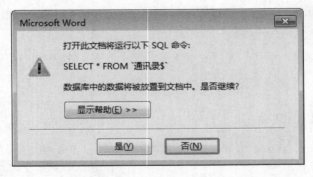

图 2-20　Microsoft Word 对话框

2．使用邮件合并分步向导进行邮件合并操作

我们也可以通过【邮件合并分布向导】进行邮件合并操作。

（1）切换到【邮件】选项卡，单击【开始邮件合并】分组下的【开始邮件合并】命令，在弹出的下拉菜单中选择【邮件合并分步向导】选项，如图 2-21 所示，之后在文档编辑区右侧弹出【邮件合并】操作向导侧边栏，如图 2-22 所示。

（2）【邮件合并】向导共有 6 个步骤，根据提示一步一步操作也可以完成邮件合并操作，因为操作方法与利用【邮件】选项卡操作相似，这里不详细讲解了。

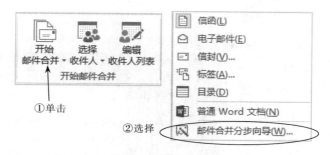

图 2-21 邮件合并分步向导操作示意图

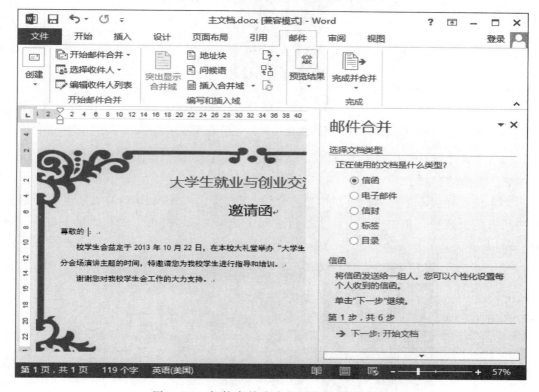

图 2-22 邮件合并分步向导侧边栏示意图

2.4.6 批量制作信封

信函已经制作好了，还要通过邮局寄出去，这就要正确填写信封的邮政编码、收信人地址、收信人姓名、寄信人的地址等信息，这是很烦琐的事情。我们通过邮件合并提供的创建中文信封向导工具可以快速地制作好批量信封，大大减轻了用户的工作量，提高了工作效率。

与制作批量信函相似，制作批量信封，应该创建好数据源文件。数据源（通讯录）应包含收件人的姓名、地址、工作单位、邮政编码等填写信封的信息。

使用中文信封向导制作批量信封操作步骤如下。

1. 制作中文信封操作入口

（1）切换到【邮件】选项卡，单击【创建】分组中的【中文信封】按钮，弹出【信封制作向导】对话框，如图 2-23 所示。

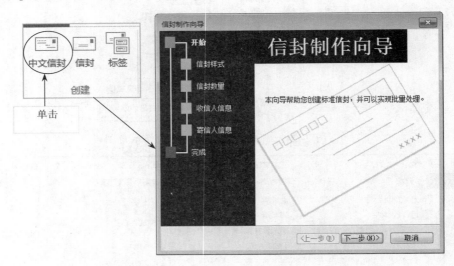

图 2-23　制作中文信封向导示意图（一）

（2）单击【信封制作向导】对话框中的【下一步】按钮进入【选择信封样式】步骤。

2．选择信封样式

在【信封样式】下拉列表菜单中选择"国内信封–DL220×110）"样式，并选中对话框中所有的复选框，单击【下一步】按钮进入【选择生成信封的方式和数量】步骤，如图 2-24 所示。

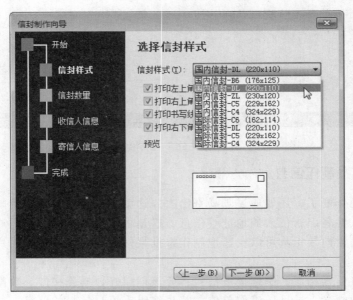

图 2-24　制作中文信封向导示意图（二）

3．选择生成信封的方式和数量

单击选中【基于地址簿文件，生成批量信封】单选按钮，如图 2-25 所示，设置信封数量为批量，单击【下一步】按钮进入【从文件中获取并匹配收信人信息】对话框。

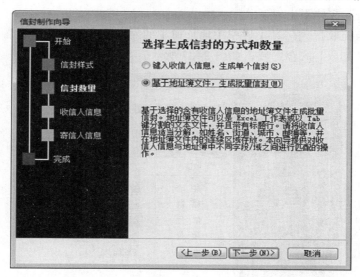

图 2-25　制作中文信封向导示意图（三）

4．从文件中获取并匹配收信人信息

（1）单击【选择地址簿】按钮，弹出【打开】对话框，将【文件类型】下拉列表框设为"Excel"，选择本案例数据源文件"通讯录.xlsx"，如图 2-26 所示。单击【打开】按钮打开客户信息表返回信封制作向导对话框。

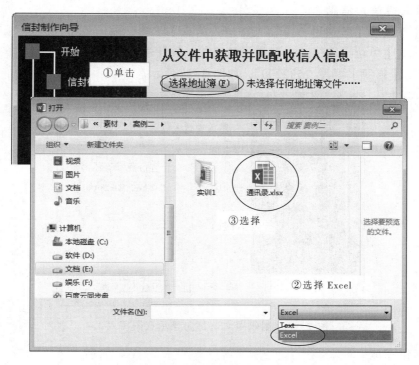

图 2-26　制作中文信封向导示意图（四）

注意：图 2-26【打开】对话框中，右下角是文件类型过滤器，必须选择 Excel，否则"通讯录.xlsx"文件不出现。

（2）将【匹配收信人信息】栏中【地址簿中的对应项】一一对应设置，这个实际上是插入"通讯录.xlsx"的合并域，如图 2-27 所示。

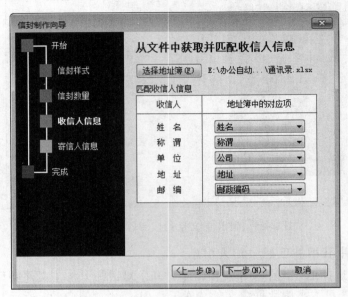

图 2-27　制作中文信封向导示意图（五）

5．输入寄信人信息

单击【下一步】按钮进入【输入寄信人信息】步骤，输入的寄件人信息。【姓名】填写"张三"，【单位】填写"广西江州师范学院数计学院"，【地址】填写"广西崇左佛指路 01 号"，【邮编】填写"532200"，如图 2-28 所示。

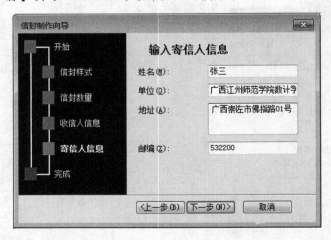

图 2-28　制作中文信封向导示意图（六）

6．制作完成

单击信封制作向导的【下一步】按钮进入【完成】步骤，单击【完成】按钮，将产生一个新文档，这个文档就是所创建的批量中文信封，将文档保存到磁盘。图 2-29 是生成的信封的一个样例。

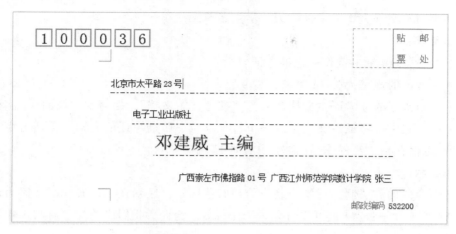

图 2-29 信封样例

2.5 实训操作

实训 用制作标签的方法制作准考证

准考证的纸张规格为长 13 厘米，高 9 厘米。我们要将准考证打印在 A4 纸上，一张 A4 纸可以打印 4 份准考证。

图 2-30 是准考证的样例效果图。

准考证

座 位 号：01
姓　　名：李欣
准考证号：170400101001
考试地点：理工 301 教室
考试时间：9:00-10:30

说明：经审查，你已经完成《计算机文化基础》课程的所有学习任务，批准你参加本课程的期考，考试日期定于 2018 年 6 月 25 日，请你持本证在本证指定的地点、时间参加考试，祝你考试顺利！

广西崇左市师范学院教务处

准考证

座 位 号：02
姓　　名：黄继军
准考证号：170400101002
考试地点：理工 301 教室
考试时间：9:00-10:30

说明：经审查，你已经完成《计算机文化基础》课程的所有学习任务，批准你参加本课程的期考，考试日期定于 2018 年 6 月 25 日，请你持本证在本证指定的地点、时间参加考试，祝你考试顺利！

广西崇左市师范学院教务处

准考证

座 位 号：03
姓　　名：何训
准考证号：170400101003
考试地点：理工 301 教室
考试时间：9:00-10:30

说明：经审查，你已经完成《计算机文化基础》课程的所有学习任务，批准你参加本课程的期考，考试日期定于 2018 年 6 月 25 日，请你持本证在本证指定的地点、时间参加考试，祝你考试顺利！

广西崇左市师范学院教务处

准考证

座 位 号：04
姓　　名：黎耀文
准考证号：170400101004
考试地点：理工 301 教室
考试时间：9:00-10:30

说明：经审查，你已经完成《计算机文化基础》课程的所有学习任务，批准你参加本课程的期考，考试日期定于 2018 年 6 月 25 日，请你持本证在本证指定的地点、时间参加考试，祝你考试顺利！

广西崇左市师范学院教务处

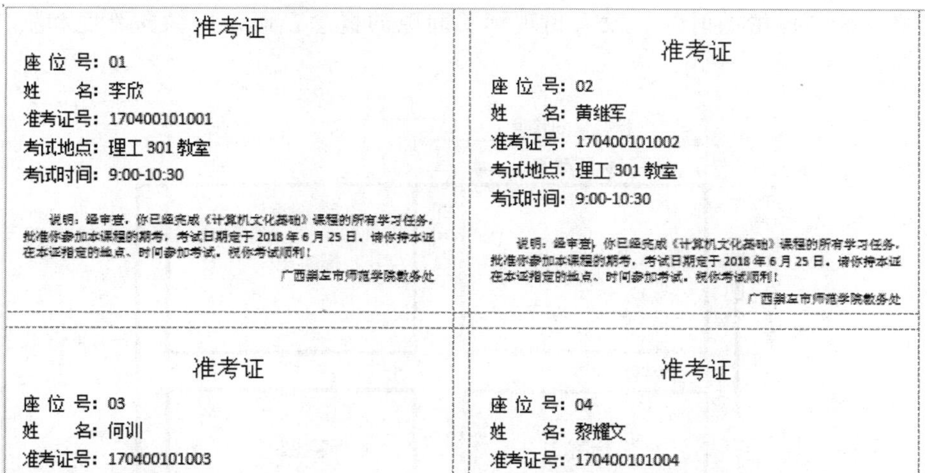

图 2-30 准考证效果图

操作过程与创建批量信函相似。我们事先要制作好数据源文件，该数据源文档记录有学生的座位号、姓名、准考证号、考试地点和考试时间等信息，该文件存放在"素材/案例二/实训 1"文件夹中，文件名为"学生名单.xlsx"。

操作要求：

（1）在一张 A4 纸上制作 4 份准考证。

（2）准考证的规格为长 13 厘米，高 9 厘米。

（3）将制作好的准考证主文档命名为"准考证主文档"，保存到"我的作品/案例二/实训 1"中，并由准考证主文档生成一个每个学生一张准考证的文档，文档名为"学生准考证"，也保存到"我的作品/案例二/实训 1"中。

操作提示：

用邮件合并的方法制作标签与制作信函有些区别，区别在页面布局上，因为标签要打印在 A4 纸上，一张 A4 纸可以打印若干张标签。为此，我们应首先了解与标签布局相关的度量概念。

1. 标签相关的度量概念（见图 2-31）

（1）标签高度，就是标签纸张大小的高，本例是 9 厘米。

（2）标签宽度，就是标签纸张大小的宽，本例是 13 厘米。

（3）标签列间隙，就是两列标签之间的距离。

（4）标签行间隙，就是两行标签之间的距离。

（5）纵向跨度，就是标签的高度+标签的行间隙。

（6）横向跨度，就是标签的宽度+标签的列间隙。

在填写标签详情的时候，没有出现标签间隙的概念，而是用纵向跨度和横向跨度代替。

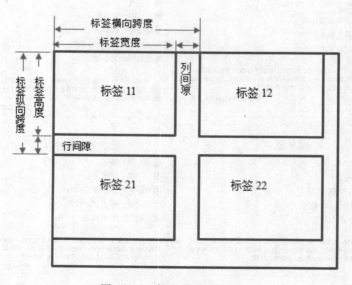

图 2-31 标签的度量概念

2．相关度量单位之间的关系

记标签的行数为 m，列数为 n。比如本案例中一张 A4 纸，容纳 4 张准考证，分为两行、两列排列，就是行数 m=2，列数 n=2。

（1）纵向跨度×m 应小于或等于纸张的有效高度，有效高度是指纸张的纸张的高减去上下边距的和。

（2）横向跨度×n 应小于或等于纸张的有效宽度，有效宽度是指纸张的宽减去左右边距的和。

3．操作过程

（1）初始化标签。

① 切换到【邮件】选项卡，在【开始邮件合并】分组中单击【开始邮件合并】命令，在弹出的菜单中，选择【标签】命令，如图 2-32 所示，弹出【标签选项】对话框。

② 在【标签选项】对话框中，单击【新建标签】按钮，弹出【标签详情】对话框。

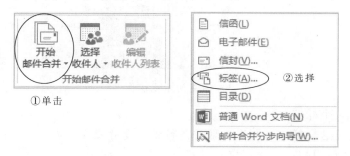

图 2-32　标签初始化操作（一）

注意：【产品编号】栏列举的是这台计算机曾经定义过的标签名称，如果有所需要的标签名称，直接选择这个标签名称，将省去【标签详情】对话框的填写。

③ 在【标签详情】对话框中，填写相关数据，如图 2-33 所示，然后一路单击【确定】按钮，完成标签初始化操作。

注意：填写相关数据是有顺序要求的。

第一，确认【页面大小】是不是 A4（横向），如果不是，请更改。

第二，可以更改【标签名称】，当然也可以直接使用默认值，比如将标签名称更改为"准考证标签"，则下一次再新建标签时，在【产品编号】栏中会列举"准考证标签"名称。

第三，填写【标签列数】和【标签行数】。

第四，填写【标签高度】和【标签宽度】。

第五，填写其他数据。

相关数据我们这样填写：上边距为 0 厘米，侧边距为 0 厘米，标签的高度为 9 厘米，标签的宽度为 13 厘米，标签的列数为 2，标签的行数为 2，纵向跨度为 9.5 厘米（就是标签的行间隙为 0.5 厘米），横向跨度为 13.5 厘米（就是标签的列间隙为 0.5 厘米），如图 2-33 所示。

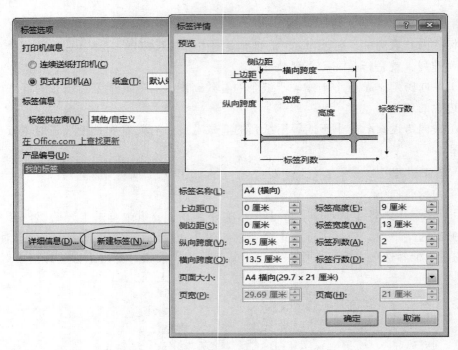

图 2-33　标签初始化操作（二）

（2）编辑第一个标签。

我们在左上角这个标签撰写准考证并进行邮件合并操作，如图 2-34 所示。

① 撰写准考证内容，并进行格式设置。

② 选择收件人，就是设置数据源的位置。

③ 插入合并域。

其实就是邮件合并操作。

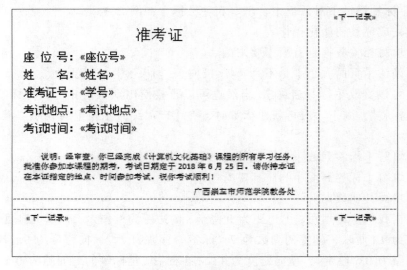

图 2-34　标签内容的撰写

（3）将第一个标签的内容和格式复制到其他标签。

选择编辑好的标签，通过复制、粘贴的方法复制到其他的标签。

注意：请不要将标签左上角的域"《下一记录》"删除，否则所有标签都与左上角的标签一模一样。页面左上角的标签（第一个标签）是没有域"《下一记录》"的。

（4）预览效果。

可以预览一下准考证的效果，方法与用邮件合并撰写信函是一样的。

（5）完成并合并。

通过完成并合并的操作，将准考证合并到一个新文档中，方法与用邮件合并撰写信函是一样的。

›› 规则表格的制作

在日常工作中，经常遇到制作表格的操作，比如制作个人简历、考勤表、水电费收费表、课程表、年终考核表等。按照表的结构特点，表格可分为规则表格和不规则表格两类。规则表格的行列工整分明，不规则表格的行与列呈现出不规则状态。本案例学习规则表格的制作。

知识目标

（1）掌握表格的创建方法。
（2）掌握表格的基本编辑操作方法。
（3）掌握表格的格式设置方法。

能力目标

（1）能够根据实际需要设计并制作出美观实用的表格。
（2）能够利用所学知识，编辑表格。

3.1 案例情境

为了规范考试制度，学院对教师考试命题制度制定了程序化的工作流程。负责命题的教师，首先填写命题计划表，填写命题审批表，交由相关的负责领导审查签字通过后，才能进行命题工作，为此，要设计相关的表格。这个任务，就交给新任秘书小李完成。

3.2 案例分析

秘书小李设计好的考试命题计划表如图 3-1 所示。

（1）由于表格的列数比较多，在页面设置的时候，应将纸张方向设置为横向，且适当缩小左右边距。

（2）要解决特殊符号的输入问题。文档中出现的特殊符号有"□、√"和数字序号①②③等。

（3）掌握填空文本格式的设置，如"开课单位：＿＿＿＿＿＿＿"。

（4）掌握插入和编辑表格的操作。

A卷 □　　B卷 □

201 － 201　学年第　学期　课程考试命题计划表

开课单位：＿＿＿＿＿＿　　　考试年级、专业：＿＿＿＿＿　　课程名称：＿＿＿＿

考试时间：＿＿＿（分钟）　　命题教师：＿＿＿＿＿　　命题日期：＿＿年＿月＿日

课程字号：＿＿＿＿＿　　　预计考核通过率：＿＿＿％　　教研室主任（或课程负责人）签字：＿＿＿＿

客观性试题	主观性试题	题量	每小题分数	每大题总分数	较易	中等	较难	难度较大	第一条	第二条	第三条	第四条	第五条	第六条	第七条	第八条	第九条	第十条	第十一条	第十二条	第十三条	第十四条	第十五条	第十六条
单项选择																								
多项选择																								
判断（是非）																								
填空																								
	简答																							
	论述																							
	分析																							
	计算																							
	证明																							
	案例分析																							
	作文																							
	程序设计																							
合计				100																				

注：① 所有课程的最后考试必须提交命题计划。　② 此表在交本课程成绩时交院办。③ 题目的难易程度、覆盖章节请在相应的单元格打√

图 3-1　命题计划表效果缩列图

3.3　操 作 要 求

（1）新建一个 Word 空白文档，并将文档保存到"我的作品/案例三"中，文件名为"课程考试命题计划表.docx"

（2）页面设置：纸张大小 A4，纸张方向为横向，左右边距为 2 厘米；

（3）A 卷、B 卷后面插入特殊符号"□"，供填表人选择；

（4）创建一个 14 行 25 列的表格，适当调整行高和列宽，设置单元格文字为中部居中对齐方式，设置表格外框线为 2.25 磅，内框线为 1 磅；

（5）适当调整表格文字大小，要控制在一个页面完成，可以将文本设置为宋体、五号字。

3.4　操 作 过 程

3.4.1　页面设置

考虑到表格的列数比较多，页面设置时应将纸张方向设置为横向。本表格的页面设置为 A4 纸，左右边距为 2.0 厘米。

1．纸张方向的设置

切换到【页面布局】选项卡，在【页面设置】分组中单击【纸张方向】命令下方的三角按钮，选择【横向】，如图 3-2 所示。

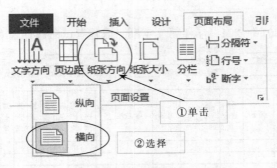

图 3-2　纸张方向设置示意图

2．页边距的设置

利用【页面设置】对话框进行设置。切换到【页面布局】选项卡，单击【页面设置】分组右下方的【功能扩展】按钮，打开【页面设置】对话框，在【页边距】选项卡中设置。

3.4.2　特殊符号的输入

本案例中需要输入特殊符号"□、√、①、②、③"等。我们以输入"✓"为例讲解利用 Word 插入符号的方法。

（1）将插入点定位在要插入符号的位置。

（2）切换到【插入】选项卡，单击【符号】分组的【符号】命令下方的三角按钮，弹出【符号】菜单。

（3）在下拉的【符号】菜单中，如果有所需的符号可直接单击插入，如果没有所需的符号，则单击【其他符号】菜单项，如图 3-3 所示，打开【符号】对话框。

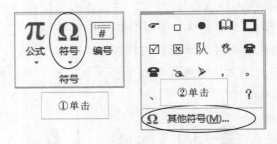

图 3-3　插入符号操作示意图（一）

（4）在【符号】对话框的【字体】下拉文本框中选择 Wingdings 2，如图 3-4 所示。

（5）在符号列表区域中找到并选择相应的符号，单击【插入】按钮，完成插入特殊符号操作。

提个醒

在【符号】对话框中，【字体】下拉列表框中的 Wingdings、Wingdings 1、Wingdings 2 类型分别有许多特殊符号，一般的符号都在它们的分类中找。

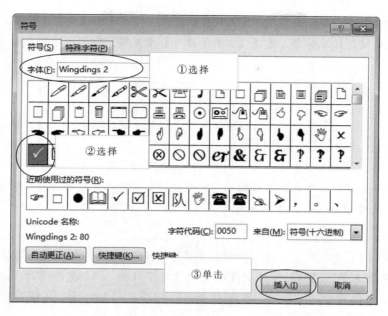

图 3-4　插入符号操作示意图（二）

相关知识

用中文输入法工具栏输入特殊符号

中文输入法工具栏中有一个【软键盘】图标，利用软键盘可以输入许多特殊符号。下面以 QQ 输入法为例说明 "①②③" 的输入方法，如图 3-5 所示。

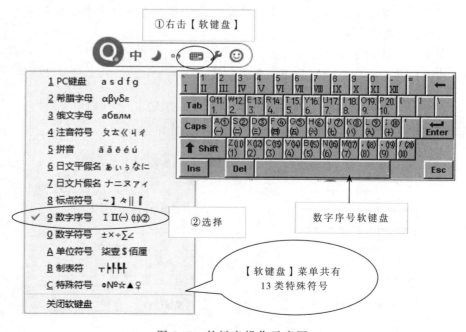

图 3-5　软键盘操作示意图

（1）在 QQ 输入法工具栏中右击【软键盘】图标，弹出一个【软键盘】菜单。

（2）在【软键盘】菜单中，选择【9 数字序号】菜单项，打开一个可以输入数字序号的软键盘。

观察软键盘，发现 A 键有两个数字序号，上档序号为①，下档序号为（一），S、D、……等键也类似。

（3）软键盘的按键与实物键盘的按键相对应，组合按键"Shift+A"操作将输入①，同理按组合键 Shift+B 将输入②，直接按 A 键，将输入序号（一）。

这是因为①、②是上档字符，（一）、（二）是下档字符。

以上操作也可以直接用鼠标单击相应的软键盘按键来输入，注意：输入①时，要先单击 Shift 键，使其处于凹陷状态，否则得到"（一）"。

ℹ️ 提个醒
① 如果要输入汉字，必须把软键盘关闭，否则只能输入软键盘对应的符号。
② 软键盘菜单共有 13 项，说明利用软键盘可以输入 13 类特殊符号。
③ 本案例的符号"□"可以在软键盘"特殊符号"类中找到，符号"√"可以在软键盘"数学符号"类中找到。

3.4.3　填空文本格式的输入

形如"开课单位：_____"的格式，称为填空文本格式。输入填空文本格式的操作方法如图 3-6 所示。

（1）将光标定位在"开课单位："冒号的右侧。

（2）切换到【开始】选项卡，在【字体】分组中单击【下划线】命令右侧的三角按钮 U̲ ▾，弹出【下划线】菜单。

（3）在菜单中选择【下划线】样式。

（4）连续按几个空格键即可拉出一条下划线。

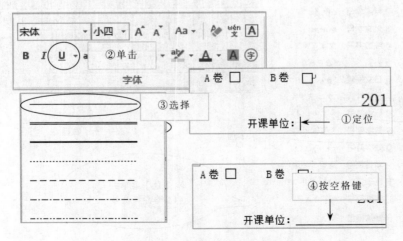

图 3-6　设置填空文本格式的操作步骤

🛈 提个醒

① 在下划线功能起作用的前提下，再次单击【下划线】命令 **U ▾**，将取消下划线格式功能。

② 如果首先选择若干个文本，然后单击【下划线】命令 **U ▾**，则选定的文本被设置为下划线格式。

③ 如果若干文本已经带有下划线，想去掉下划线，可先选中带下划线的文本，然后单击【下划线】命令，即可取消下划线功能。

3.4.4　创建表格

本案例是要创建一个 14 行、25 列的表格，因为这是一个规则表格，行数列数清楚，可选用【插入表格】的方法创建，如图 3-7 所示。

操作步骤如下：

（1）定位好插入点位置（表格位置）。

（2）切换到【插入】选项卡，在【表格】分组中单击【表格】按钮，在弹出的下拉列表中选择【插入表格】选项，弹出一个【插入表格】的对话框。

（3）在【插入表格】对话框的【表格尺寸】栏中，【行数】和【列数】微调框中分别设置表格的行数和列数为"14"和"25"，单击【确定】按钮，即可在文档中插入一个 25 列、14 行的空白表格。

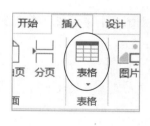
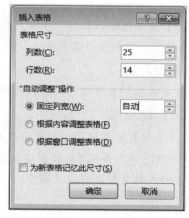

图 3-7　插入表格操作示意图

📖 相关知识

Word 提供了多种创建表格的方法，如虚拟表格、插入表格、手工绘制表格、文本转换成表格、插入 Excel 电子表格、使用内置样式快速插入表格等。

切换到【插入】选项卡，单击【表格】分组的【表格】命令，弹出【插入表格】菜单，菜单中列举了插入表格的各种方法，如图 3-8 所示。

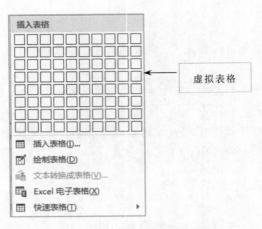

图 3-8 【插入表格】菜单

1. 虚拟表格

用鼠标单击虚拟表格中的某一个单元格，则会快速插入一个与虚拟表格相似的表格，比如单击第 5 行、第 3 列的单元格，则会插入一个 5 行 3 列的表格。用这种方法最大可创建 10 列 8 行的表格。当然，以后可以通过添加行或列的方法，扩大表格。

2. 插入表格

单击【插入表格】菜单项，弹出【插入表格】对话框，填好行数和列数，单击【确定】按钮就可插入一个表格。

3. 绘制表格

使用【绘制表格】菜单项插入表格。单击【绘制表格】菜单项，鼠标会变成一个铅笔形状，可以方便地在页面上绘制出所需表格。

4. 将文本转换为表格

使用【文本转换成表格】菜单项可以将某些特定的文本转换成表格。

5. 使用 Excel 创建表格

单击【Excel 电子表格】菜单项，会出现一个类似 Excel 电子表格的窗口，利用它可以创建表格。这种方法很少用，如果要用 Excel 创建表格，完全可以先运行 Excel 创建好表格之后，通过复制粘贴的方法将表格复制到当前文档中。

6. 快速表格

单击【快速表格】菜单项，会弹出【内置】表格样式的菜单，选择一种样式之后，会插入一个格式与选择样式相同的表格，只要修改表格的内容就行了。

3.4.5 编辑表格

在表格中输入文字，并相应调整表格的行高和列宽。操作时要严格按照本案例的效果文件的样式进行设置。

1. 调整表格大小

将光标指向表格的右下角，当鼠标指针变为双箭头时，按下鼠标左键拖动鼠标改变表格的大小，使表格的大小合适，如图 3-9 所示。

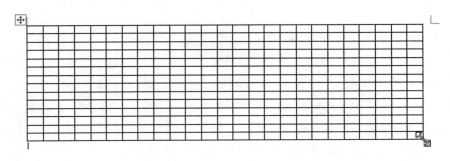

图 3-9 拖动表格右下角按钮改变表格大小

2．在表格的相应单元格中输入文本

输入如图 3-10 所示文字，文字字体设置为宋体、五号字。从图中可以看到，由于本表格列数较多，列宽较窄，输入时自动撑大行高，列宽只能容纳一个字，这与要求的效果相差较大，应调整列宽。

客观性试题	主观性试题	题量	每小题分数	每大题总分数	较易	中等	较难	难度较大	第一章	第二章	第三章	第四章	第五章	第六章	第七章	第八章	第九章	第十章	第十一章	第十二章	第十三章	第十四章	第十五章	第十六章

图 3-10 表格第一行输入文字后的效果图

按要求，第一、第二、第三列文字一字排开，第四列列宽容纳 2 个字，第五列列宽容纳 4 个字，第六列列宽容纳 2 个字。

3．调整列宽

直接拖动表格的框线，不能达到满意的效果，可以使用键盘上的 Ctrl 键辅助鼠标拖动的方法调整列宽。

（1）鼠标指针移动到第一、第二列之间的竖线上，指针形状变成 ，首先按下键盘的 Ctrl 键不放，然后再按住鼠标左键不放，向右拖动鼠标，将改变第一列的列宽，右侧各列按比例缩小列宽，如图 3-11 所示。

（2）以此类推，可以改变各列的宽度，使表格符合设计要求。

（3）输入表格中其余单元格的文字。

客观性试题	主观性试题	题量	每小题分数

客观性试题	主观性试题	题量	每小题分数

图 3-11 改变列宽前后对比图

相关知识

下面介绍调整表格的列宽的方法

方法一：不使用键盘辅助，直接拖动鼠标

不使用键盘的 Shift 键、Ctrl 键或 Alt 键辅助，直接拖动鼠标调整表格列宽。

将鼠标指针指向表格竖线时，鼠标指针形状变为 ↔，这时按下鼠标左键不放，左右拖动鼠标，可以改变这条竖线左右两列的列宽。

注意：当要拖动的竖线两边的列宽很窄时，竖线将不能移动。

方法二：使用键盘辅助拖动鼠标

使用键盘的 Shift 键、Ctrl 键或 Alt 键辅助拖动鼠标调整列宽。

注意：操作时，必须先按下键盘的键，然后才能按下鼠标左键，否则操作不成功。

（1）使用上档键 Shift 辅助拖动。

当按下上档键 Shift，然后向右（或向左）拖动某竖线时，会发现这条竖线右侧的所有竖线也跟着相对移动相同的距离，换句话说，竖线右侧的所有单元格列宽不变。

缺点：向右拖动时，表格容易超出页面范围。

（2）使用控制键 Ctrl 辅助拖动。

当你按下控制键 Ctrl，然后向右（或向左）拖动某竖线时，会发现最右侧的竖线（表格的右框线）不动，这条竖线右侧的其他竖线都跟着往相同的方向按比例移动。

优点：表格不会超出页面范围。

（3）使用换档键 Alt 辅助拖动。

当按下换档键 Alt，然后拖动某竖线时，会发现线条平滑移动。这种方法在某些情况是很有用的。不按 Alt 键时，线条移动是不平滑的，是按网格的距离移动的。

同时按下鼠标的左右两个键再拖动线条，也有这种效果（线条平滑移动）。

方法三：使用选项卡命令或对话框改变列宽

（1）选择要改变列宽的列，功能区中会出现【表格工具】选项卡。【表格工具】选项卡有两个子选项卡，分别是【设计】和【布局】。

（2）切换到【表格工具】选项卡的【布局】子选项卡，单击【单元格大小】分组的【宽度】文本框的微调按钮，可以改变列宽，如图 3-12 所示。

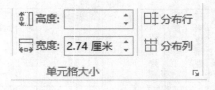

图 3-12 【单元格大小】分组

ⓘ 提个醒

通过【表格属性】对话框也可以设置列宽和行高。单击【表格工具】/【布局】/【表】分组/【表格】，可以打开【表格属性】对话框，如图3-13所示。

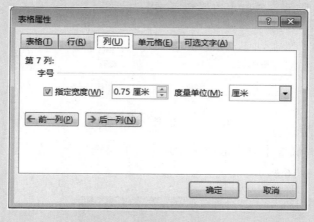

图3-13 【表格属性】对话框

4．单元格对齐方式的设置

（1）将光标移到表格内部时，左上角出现一个十字箭头图标⊞，单击此图标，选定整个表格。

（2）切换到【表格工具】/【布局】选项卡，在【对齐方式】分组中单击【水平居中】按钮，这样表格所有单元格文本的对齐方式就设置为【水平居中】格式，如图3-14所示。

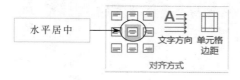

图3-14 对齐方式示意图

ⓘ 提个醒

如图3-14所示，单元格的对齐方式共有9种。

水平方向有左对齐、居中对齐和右对齐三种方式，垂直方向也有靠上对齐、中部对齐和靠下对齐三种方式，再加上它们的组合，共有9种方式。本案例选择水平居中，就是水平方向居中对齐，垂直方向中部对齐。

5．表格框线的设置

本案例要求表格外框线设置为2.25磅，内框线设置为1磅，如图3-15和图3-16所示。

操作方法如下：

（1）选定整个表格。

（2）切换到【表格工具】/【设计】选项卡，单击【边框】分组右下角的【功能扩展】
按钮 ，如图 3-15 所示，弹出【边框和底纹】对话框。

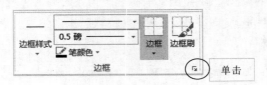

图 3-15　边框分组功能区

（3）在【边框和底纹】对话框中切换到【边框】选项卡，在【设置】栏中单击【自
定义】选项，如图 3-16 所示。

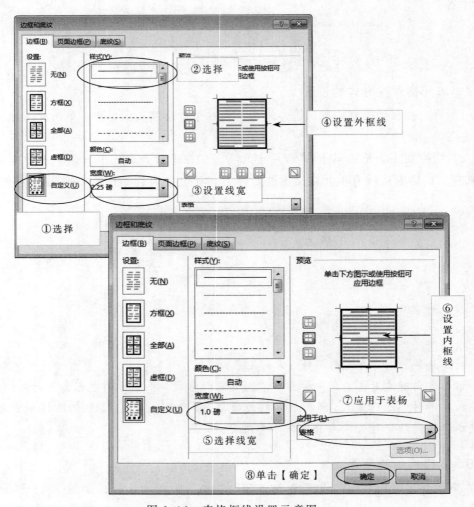

图 3-16　表格框线设置示意图

（4）选择【单实线】样式，【宽度】设置为"2.25磅"，然后，依次设置【预览】区田字格的四个外边框，也可以直接单击预览图的四周。

（5）然后，再设置【宽度】为1磅，依次单击【预览】区田字格的两条内框线，也可直接单击预览区的内部。

（6）在【应用于】下拉文本框中选择"表格"，单击【确定】按钮。

提个醒

在【边框和底纹】对话框中，【边框】选项卡中的【设置】栏有5种选择。本案例的内框线和外框线设置不同，所以选择【自定义】比较好操作。

相关知识

上文介绍的设置表格框线的方法，对于线条多或设置区域规则的表格来说是很实用的。如果设置的线条不多或设置的区域不规则，采用【边框刷】工具操作更方便。

1.【边框】分组命令说明

图3-17是【边框】分组功能区的示意图。使用【边框刷】设置线条格式，一般要先设置好边框样式。边框样式包括笔样式、线宽、笔颜色等。分组中的【边框样式】命令是内置的边框样式。表3-1是边框分组中部分命令的功能说明。

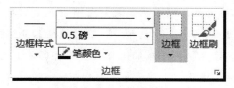

图3-17　【边框】分组功能区

表3-1　【边框】分组中各命令功能

命令名称	命令图形	命令展开后图形	命令功能
边框样式	边框样式	主题边框 边框取样器(S)	①边框样式是指已经设置好笔样式、线条宽度、线条颜色的边框线条。 ②边框取样器。用边框取样器工具去点取表格中的某线条，可以快速设定边框样式（相当于复制线条样式）
笔样式		无边框	①笔样式就是线型。 ②无边框是一种特殊的线型，可以形象地看作"透明"线条，用它画出的框线，在打印的时候，并不打印出来

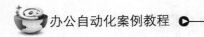

续表

命令名称	命令图形	命令展开后图形	命令功能
线宽	0.5 磅	0.25 磅 0.5 磅 0.75 磅 1.0 磅	设置线条的粗细
笔颜色	笔颜色	自动(A) 主题颜色 标准色 其他颜色(M)...	设置线条的颜色

2．使用【边框刷】设置表格框线

边框刷的操作方法如下：

（1）设置线条格式。

① 将插入点定位在表格内部，【表格工具】选项卡就会出现。

② 切换到【表格工具】/【设计】子选项卡，在【边框】分组中，设置【笔样式】、【笔颜色】、【线宽】等。这些设置相当于我们选择一支怎样的笔。

（2）用【边框刷】"画"线条。

① 单击【边框刷】工具，使其处于可用状态，这时光标变成一支笔的形状 。

② 用这支笔去"画"表格的框线。所谓"画"框线，就是按住鼠标左键拖动鼠标，有时单击鼠标左键就行。

（3）取消【边框刷】的功能。

当【边框刷】使用完毕，可再次单击【边框刷】命令，取消【边框刷】的功能。

3.4.6 输入表注文字

这里是指文档表格下面的文字，直接输入文本就可以了。

最意外的情况是，表格的下方没有插入点时该怎么办？

（1）在表格下方双击鼠标，就会在双击鼠标处出现插入点。这是因为文档默认有"即点即输"功能。

（2）如果文档没有设置"即点即输"功能，可以将插入点定位在表格上方且离表格最近的回车符前面，敲一个回车符，插入一个空行，将表格往上移动，刚才的回车符会移动到表格下方，就可以书写文字了。

按住表格左上角的 按钮，可以移动表格位置，如图 3-18 所示。

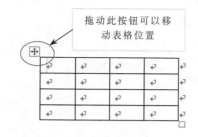

图 3-18　移动表格示意图

3.5 实 训 操 作

实训1　表格格式设置

操作要求：

（1）打开文件。

打开"素材/案例三/实训1/联想手提电脑主要参数（素材）.docx"，并将文件另存为到"我的作品/案例三/实训1"中，文件名为"联想手提电脑主要参数.docx"。

（2）文字格式设置。

① 标题格式设置。将标题文字"联想手提电脑主要参数"设置为宋体，二号字，水平居中对齐。

② 表格其他文字格式设置。将表格中除标题外的所有单元格设置为宋体，小四号字，中部两端对齐。

（3）表格框线的设置。

① 将表格第一行（标题文字）所在单元格的左、右和上边框设置为"虚框线"。

② 将表格的左、右边框设置为"虚框线"。

③ 将表格的下边框设置为"双实线"样式；将表格第一行的下边框设置为"双实线"样式。

说明：将笔样式设置为"无边框"画出来的线条就是"虚框线"。所谓"虚框线"，是指打印时，并不把框线打印出来，形象地说，它是一种"透明"的框线。

操作提示：

表格框线的设置有下面三种情况。

1. 将线型设置为"无边框"样式

（1）将光标定位在表格内部，使【表格工具】选项卡出现；

（2）切换到【表格工具】/【设计】子选项卡，在【边框】分组中单击【笔样式】命令右侧的三角按钮；

（3）在弹出的【笔样式】下拉菜单中，选择【无边框】样式，如图 3-19 所示。

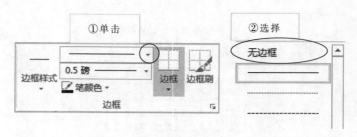

图 3-19　设置笔样式为"虚框线"

2. 使用【边框刷】工具画边框

（1）单击【边框】分组的【边框刷】工具，这时光标变为 ✐ 形状。

（2）分别在表格的左边框、上边框和右边框位置"画"边框，这样左、右和上边框就会被设置成"虚框线"了。

注意：当我们刚设置好笔样式为"无边框"后，边框刷自动变为可用状态，这时单击边框刷反而是取消边框刷功能。

3. 设置双细线框线

将表格的下框线和第一行的下边框设置为"双细线"线型。

（1）将笔样式的线型设置为"双细线"线型。

（2）用【边框刷】工具去"画"相应的线条。

（3）单击【边框刷】工具，取消【边框刷】工具的功能。

实训 1 最终效果如图 3-20 所示。

联想手提电脑主要参数

品牌	联想（ThinkPad）
商品名称	ThinkPad-E570-20H5A000CD（i5-4G-500G）15.6英寸轻薄笔记本电脑
系列	E
型号	ThinkPad-E570-20H5A000CD
操作系统	Windows10
CPU 类型	Intel-i5
CPU 型号	i5-7200U
CPU 主频	2.5GHZ 睿频至 3.1GHZ, 3MB
内存类型	DDR4
内存容量	4GB
硬盘容量	500GB
显卡类型	独立显卡
显存容量	2GB
屏幕尺寸	15.6英寸

图 3-20　实训 1 效果

实训 2 表格公式计算

图 3-21 是几个商场的收入支出明细表，请计算各商场的利润和所有商场的总收入、总支出和总利润。

操作要求：

（1）打开"素材/案例三/实训 2/商场收入统计表（素材）.docx"，并将文件另存为"我的作品/案例三/实训 2/商场收入统计表.docx"。

（2）利用公式计算各商场的利润以及所有商场收入、支出和利润的合计。

商场名称	收入（万元）	支出（万元）	利润（万元）
新东方超市	2689	256	
华联超市	3685	657	
美多超市	1589	300	
宏发超市	256	50	
合 计			

图 3-21 实训 2 商场收入统计表

操作提示：

1．计算新东方超市的利润

计算操作如图 3-22 所示。

图 3-22 计算新东方超市利润

（1）将插入点定位在第四列第二行的单元格位置。

（2）切换到【表格工具】/【布局】选项卡，在【数据】分组中单击【公式】命令，弹出【公式】对话框。

（3）在【公式】对话框中，【公式】文本框中输入"=B2-C2"，单击【确定】按钮。

其他超市的利润可类似操作。其中 B2，表示第 B 列第 2 行单元格。

2．计算各商场收入合计

操作步骤与计算利润的相同，只是在【公式】对话框中的【公式】文本框中输入"=sum（above）"，或者"=B2+B3+B4+B5"即可。

公式 Sum()表示求和计算，Sum（above）表示对上方的数据求和。

实训 3　编辑通讯录

现代人的生活，通讯录的记录都是很多的，通常要几页纸打印。本实例要求每一页都要打印标题行，该如何设置？

操作要求：

（1）打开"素材/案例三/实训 3/通讯录（素材）.docx"文件，并将文件保存到"我的作品/案例三/实训 3"文件夹中，文件名为"通讯录.docx"。

（2）将纸张方向设置为"横向"。

（3）将标题"通讯录"设置为居中对齐，完成第一列"编号"列的填写，编号的格式为"001、002、003、……"。

（4）将表格单元格设置为居中对齐。

（5）设置标题行重复。

（6）为表格套用"表格样式–网格表 4–着色 5"样式。

操作提示：

1．编号的填写

编号的填写可以利用【段落】分组的【自动编号】命令完成，如图 3-23 所示。

（1）选定要设置自动编号的单元格，就是选定编号列的单元格。

（2）切换到【开始】选项卡，在【段落】分组中，单击【编号】命令右侧三角按钮，打开【编号库】。

（3）单击选择所需的样式。

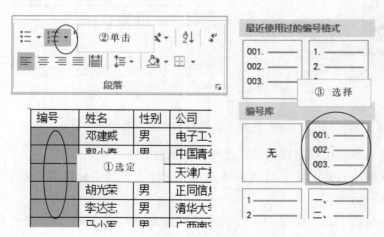

图 3-23　设置自动编号操作示意图

提个醒

　　如果【编号库】中没有需要的"001,002,003,......"样式,可单击【编号样式库】菜单下方的【定义新编号格式(D)...】菜单项,打开【定义新编号格式】对话框,在对话框中定义。

2.重复标题行的设置

重复标题行,就是每一页开始部分都重复有第一页标题行的内容。

(1)选定表格第一行(标题)。

(2)切换到【表格工具】/【布局】子选项卡,在【数据】分组中单击【重复标题行】,这样每一页都会有与第一页相同的标题行,如图3-24所示。

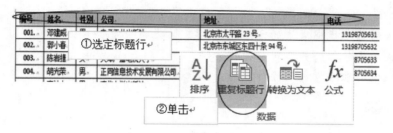

图3-24　设置标题行重复

3.套用表格样式的设置

套用表格样式可以快速设置表格的外观。

(1)选定整个表格。

(2)切换到【表格工具】/【设计】选项卡,在【表格样式】分组中单击【样式库】右侧的更多按钮 ➡ ,打开更多的样式列表,选择所需的样式,如图3-25所示。

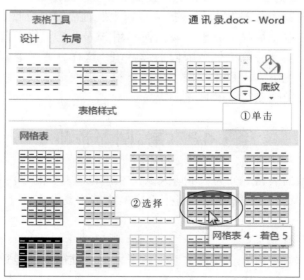

图3-25　套用表格样式

案例四 ►

>>> 不规则表格的制作

在案例三中，我们学会了如何利用 Word 的表格功能进行规则表格的编辑与处理。而在实际工作中，经常会遇到一些行列不规则表格，本案例就是要学习不规则表格的操作技巧。

知识目标

（1）掌握制作不规则表格的方法。
（2）掌握单元格的合并与拆分操作方法。
（3）掌握拖动表格框线的操作技巧。

能力目标

能够根据实际应用设计出美观实用的表格。

4.1 案例情境

现在，很多的年轻教师都通过贷款买房，每个月都要还贷，生活是有一定压力的。按照公积金管理条例，有房贷的职工每年可以提取部分公积金，提取金额不超过年还贷总额，所以很多有房贷的教师每年都要申请提取公积金。要提取公积金首先就要填写"住房公积金提取申请表"，而"住房公积金提取申请表"通常要到行政办证大厅领取，很不方便。秘书小李看到这个情况，就想，我们何不用 Word 把"住房公积金提取申请表"制作出来，放到学院的办公群里供老师们下载打印，这样方便了老师们，也算是为教职工办一点实事。说干就干，很快，一份"住房公积金提取申请表"就制作好了，放到学院办公群里，小李的行动获得了教职工的点赞。

4.2 案例分析

这是一张不规则的表格，分为"申请人及所在单位填写"和"住房公积金中心审批"两个部分。"申请人及所在单位填写"部分表格框线结构复杂多变。
制作思路：
（1）从上到下逐行完成。
（2）每一行制作好之后，要写上文字，这样才能更准确地确定单元格的列宽。
（3）表格文字比较多，但要保证整个表格在一页纸内完成，字体设置为五号字为宜。
（4）页面边距的设置，上下左右边距要设置窄一些。

4.3 操作要求

（1）新建一个 Word 文档，并将文件保存到"我的作品/案例四"文件夹中，文件名为"住房公积金提取申请表.docx"。

（2）页面设置：纸张大小为 A4，上下左右边距为 1.27 厘米。

（3）表格内的文字为宋体，五号字。

（4）整个文档控制在一个页面内完成。

（5）参照成品效果样例文档操作。

4.4 操作过程

为了描述方便，我们人为地将表格分为 8 个功能区，划分方法大致是从上到下、从左到右。表格分区示意图如图 4-1 所示。

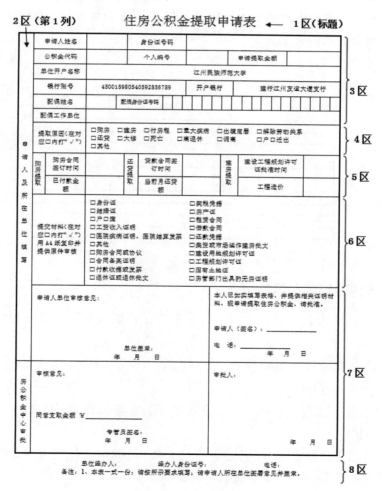

图 4-1 表格分区示意图

4.4.1　页面设置

纸张大小设置为 A4 纸，纸张方向为纵向，页边距为上下左右各 1.27 厘米，比较窄。

4.4.2　表格标题区 1 区的操作

标题区，就是我们划分的 1 区，直接在页面上输入文字"住房公积金提取申请表"，然后进行格式设置，将字体设置为宋体、二号字、加粗、居中对齐。

4.4.3　插入表格

不规则表格，行数列数难于准确确定。我们约定两条水平线之间算作一行，不论行高有多高，单元格内有多少行字。

根据案例的特点，我们插入一个 12 行的表格。由于列数较为不规范，暂且算 1 列处理，因此要插入 12 行 1 列的表格。

操作方法如下：

（1）将光标定位在标题行的下方，插入一个 12 行 1 列的表格，如图 4-2 所示。

（2）适当调整表格的大小。

（3）选定整个表格，将表格文字设置为宋体五号字。

图 4-2　一个 12 行 1 列的表格

4.4.4　表格功能区 2 区的操作

表格 2 区的形状为长条形，跨所有行，使用【绘制表格】工具操作较为方便。

操作方法如下：

1．在表格左侧绘制一条框线

操作过程如图 4-3 所示。

（1）将插入点定位在表格内，使【表格工具】选项卡出现，切换到【表格工具】/【布局】子选项卡。

（2）在【绘图】分组中，单击【绘制表格】命令，这时光标变为一支铅笔的形状 。

（3）在表格的左侧画出一条竖线，绘制完毕。

（4）再次单击【绘制表格】工具，取消【绘制表格】工具功能。

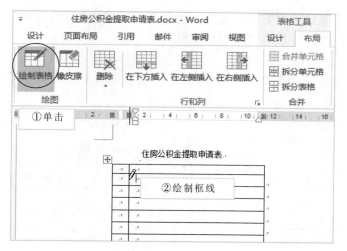

图 4-3　绘制一条框线

2．将第一列的前 11 个单元格合并

（1）选择第一列从上到下的 11 个单元格。

（2）切换到【表格工具】/【布局】子选项卡，在【合并】分组中，单击【合并单元格】命令，单元格合并完成，如图 4-4 所示。

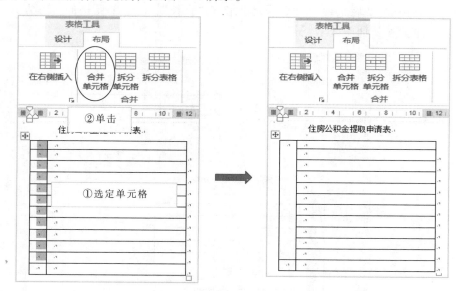

图 4-4　合并单元格操作

3．输入文本并设置文本格式

表格功能区 2 区形状如"日"字形，在上方单元格中输入"申请人及所在单位填写"在下方单元中格输入"住房公积金中心审批"。

4．设置表格功能区 2 区文字"竖排"的方法

操作方法有 3 种，如图 4-5 所示。

方法一：向左拖动表格第二条竖线，使表格 2 区的列宽只能容纳一个字，文字会被迫压缩成"竖排"文字，这种方法容易变形。

方法二：在每个字的后面插入一个回车符，使每个字占一行。

方法三：选定要设置格式的单元格，单击【表格工具】/【布局】/【对齐方式】/【文字方向】命令，设置单元格的文字方法为"竖排"形式。

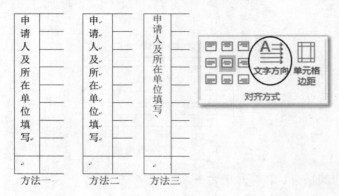

图 4-5　单元格文字"竖排"方法

5．设置单元格对齐方式为"水平居中"

对于表格功能区 2 区来说，两个单元格形状"狭长"，设置单元格的对齐方式为"水平居中"，更加美观，如图 4-6 所示。

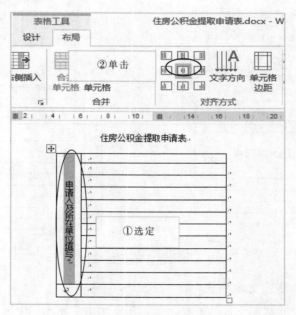

图 4-6　对齐方式设置

（1）选定 2 区的单元格。

（2）切换到【表格工具】/【布局】子选项卡，在【对齐方式】分组中单击【水平居中】命令 ▤（Word 将【水平居中】称为【中部居中】，图标为 ▥）。

4.4.5　表格功能区 3 区的操作

表格功能区 3 区效果如图 4-7 所示。

申请人姓名		身份证号码				
公积金代码		个人编号		申请提取金额		
单位开户名称	江州民族师范大学					
银行账号	45001598054059 2856789		开户银行	建行江州友谊大道支行		
配偶姓名		配偶身份证号码				
配偶工作单位						

图 4-7　表格功能区 3 区效果图

3 区的操作具有示范性，只要这一区制作好了，其他区就好办了。制作时要按照从上到下、从左到右的顺序操作，并在单元格上输入文字，拖动线条调整单元格的宽度。

下面介绍使用【表格工具】/【布局】/【合并】分组中的【合并单元格】命令和【拆分单元格】命令组合来操作。

1．绘制表格功能区 3 区第一列

表格功能区 3 区的第一列比较整齐，可以用【绘制表格】工具来绘制，输入文字后，调整列宽，使各单元格文字占一行，如图 4-8 所示。

申请人姓名	
公积金代码	
单位开户名称	
银行账号	
配偶姓名	
配偶工作单位	

图 4-8　功能区 3 区第一列示意图

（1）在【表格工具】/【布局】子选项卡中单击【绘图】分组中的【绘制表格】命令，这时光标的形状变为一支铅笔样。

（2）在功能区 3 区左侧绘制一条竖线。

（3）输入文字，并设置文字的对齐方式为【水平居中】。

2．绘制功能区 3 区第一、第二行

（1）将功能区 3 区第一、第二行右侧的单元格拆分为 2 行 5 列。

① 选定"申请人姓名""公积金代码"右侧的两个单元格。

② 切换到【表格工具】/【布局】选项卡，在【合并】分组中单击【拆分单元格】工具，打开【拆分单元格】对话框，输入列数为 5，行数为 2，单击【确定】按钮，如图 4-9 所示。

③ 在相应的单元格中输入文字，并拖动框线，使表格符合要求。

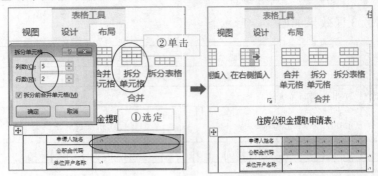

图 4-9　拆分单元格操作

（2）合并单元格。

① 选定第一行"身份证号码"右侧的三个单元格。

② 切换到【表格工具】/【布局】选项卡，在【合并】分组中单击【合并单元格】命令，效果如图 4-10 所示。

申请人姓名		身份证号码		
公积金代码		个人编号		申请提取金额
单位开户名称				
银行账号				
配偶姓名				
配偶工作单位				

图 4-10　表格功能区 3 区第一、第二行效果图

3．绘制表格功能区 3 区第四、第五行

第三行直接输入文字并设置格式就行了，下面讲解第四、第五行操作。

（1）拆分单元格。

将第四、第五行右侧的单元格拆分为 2 行 3 列，输入文字后效果如图 4-11 所示。

申请人姓名		身份证号码		
公积金代码		个人编号		申请提取金额
单位开户名称	江州民族师范大学			
银行账号	45001598054059 2856789		开户银行	建行江州友谊大道支行
配偶姓名			配偶身份证号码	
配偶工作单位				

图 4-11　表格功能区 3 区第 3、第 4 行输入文字后效果

（2）将文字为"配偶身份证号码"的单元格向左移动。

分析：第五行右侧的单元格用来填写"配偶身份证号码"。根据成品效果图，这个

单元格应该拆分为 18 个小单元格，但是目前它的宽度不够，因此，需要将文字为"配偶身份证号码"的单元格往左移动，为它移出更多的空间，同时要求拖动线条的时候，上面行的线条不跟着移动。

文字为"配偶身份证号码"的单元格左右框线与上一行的框线相连，如何将它们分离，独自移动呢？

操作方法如下：

① 选定第五行"配偶姓名"右侧的三个单元格，这个步骤的目的是将"配偶身份证号码"单元格的左右框线选中，这是关键的一步。

② 将光标移到动"配偶身份证号码"单元格的左框线，当光标形状变为 时，向左拖动鼠标。这时发现，单元格的框线与上面的框线分离出来。

③ 同理，将光标移动到"配偶身份证号码"单元格的右框线，当光标形状变为 时，向左拖动鼠标。

④ 这样就把文字为"配偶身份证号码"单元格往左移了，但是不影响上面一行的线条位置。图 4-12 为将单元格左框线左移的操作示意图。

申请人姓名		身份证号码		
公积金代码		个人编号	申请提取金额	
单位开户名称	江州民族师范大学			
银行账号	450015980540592856789		开户银行	建行江州友谊大道支行
配偶姓名	配偶身份证号码			
配偶工作单位				

①选定单元格，鼠标移动到目标线条，光标形状变为

申请人姓名		身份证号码		
公积金代码		个人编号	申请提取金额	
单位开户名称	江州民族师范大学			
银行账号	450015980540592856789		开户银行	建行江州友谊大道支行
配偶姓名	配偶身份证号码			
配偶工作单位				

②向左拖动鼠标，使"配偶身份证号码"单元格左移

申请人姓名		身份证号码		
公积金代码		个人编号	申请提取金额	
单位开户名称	江州民族师范大学			
银行账号	450015980540592856789		开户银行	建行江州友谊大道支行
配偶姓名	配偶身份证号码			
配偶工作单位				

图 4-12　向左移动单元格位置的操作示意图

提个醒

第①步中选定框线很关键。框线选定后，拖动时只移动选定部分的框线，从而达到单元格的框线移动，而其他线条不动的效果。

（3）将第五行右侧单元格拆分为 18 列 1 行。

经过上一步操作，我们已经为"配偶身份证号码"右侧的单元格移出足够的空间，可以拆分为 18 列 1 行的单元格了，操作方法如下：

① 将插入点定位在第五行右侧的单元格。

② 单击【合并】分组中的【拆分单元格】命令。

③ 在【拆分单元格】中输入列数为 18，行数为 1，单击【确定】按钮。

表格功能区 3 区的操作到此完成了。

相关知识

选择表格、选择行、选择列和选择单元格的操作方法

对表格的编辑操作免不了要选择表格、选择行和列、选择单元格等操作。

（1）单击表格左上角的 ⊞ 标记选择整个表格。

单击表格左上角的标记 ⊞，即可选中整个表格。拖动这个按钮还可以移动表格的位置。

（2）选择单元格。

将鼠标指向单元格左侧，当指针呈黑色箭头 ↗ 时，单击鼠标左键即可选中该单元格，如图 4-13 所示。

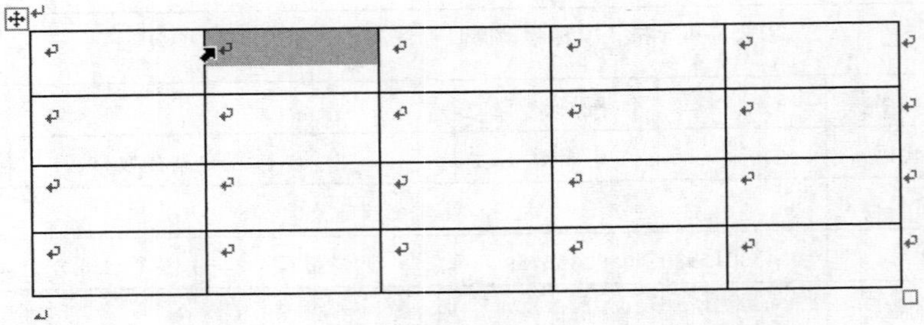

图 4-13　选择单元格的操作方法

注意：将插入点定位在某个单元格，并不是选择了这个单元格，定位与选择的含义是不同的。

（3）选择多个单元格区域。

选择两个单元格以上的区域，可以用拖动鼠标的方法选择，比如用拖动方法选择列，选择行，甚至选择整个表格。

（4）选择表格、单元格、行和列的通用方法。

以选择整个表格为例说明。

① 光标定位在表格中任何一个单元格。

② 切换到【表格工具】/【布局】子选项卡，单击【表】分组【选择】命令下方的

三角按钮，打开【选择】下拉列表，在列表中选择【选择表格】即可选中整个表格。这种方法也适用于选择单元格、选择行和选择列等，如图 4-14 所示。

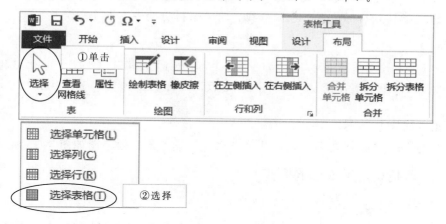

图 4-14 选择表格操作示意图

4.4.6 表格功能区 4 区的操作

表格功能区 4 区成品效果如图 4-15 所示。

提取原因（在对应□内打"√"）	□购房 □建房 □付房租 □重大疾病 □出境定居 □解除劳动关系 □还贷 □大修 □死亡 □离退休 □调离 □户口迁出 □其他

图 4-15 表格功能区 4 区效果图

功能区 4 区分为左右两个单元格，结构较为简单。4 区中有两种特殊符号，一种是"√"，另一种是"□"，可以用前面提到的插入特殊符号的方法插入。

特殊符号"□"出现比较多，输入一个"□"之后，利用复制、粘贴的方法，粘贴到每项文本的前面。文本项的分隔符可以使用若干个空格。

操作方法如下：

1. 拉高 4 区单元格的行高

将指针移动到 4 区的下边框，当指针变为 ⬍ 形状时，向下拖动鼠标将 4 区的单元格行高拉高，如图 4-16 所示。

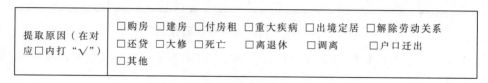

指针移动到目标框线，光标的形状变为 ⬍ 时，向下拖动鼠标

图 4-16 拖动 4 区下框线操作示意图

2．将 4 区拆分为两个单元格

（1）单击【绘制表格】工具，这时指针变为 🖉 铅笔形状。

（2）移动指针到目标位置，绘制框线，将 4 区拆分为左右两个单元格。

ⓘ 提个醒

> 拆分 4 区单元格也可以利用【表格工具】/【布局】选项卡【合并】分组中的【拆分单元格】命令操作，拆分成两个单元格之后，拖动框线到合适位置即可。

3．输入文字和符号

输入文字后，文字块之间可以用几个空格来间隔，最后效果图如图 4-15 所示。

4.4.7　表格功能区 5 区的操作

表格功能区 5 区成品效果如图 4-17 所示。

购房提取	购房合同签订时间		还贷提取	贷款合同签订时间		建房提取	建设工程规划许可证批准时间	
	已付款金额			当前月还贷额			工程造价	

图 4-17　表格功能区 5 区效果图

首先将 5 区单元格拆分为 2 行 9 列，然后通过合并单元格和拖动框线改变它的结构。操作方法如下：

1．拉高 5 区单元格行高

将指针移动到 5 区的下边框，当指针变为 ⇳ 形状时，向下拖动鼠标将 5 区的单元格行高拉高。

2．将 5 区单元格拆分为 2 行 9 列

将指针定位在 5 区单元格，将它拆分为 2 行 9 列，如图 4-18 所示。

（1）将指针定位在 5 区单元格。

（2）单击【表格工具】/【布局】子选项卡中【合并】分组的【拆分单元格】命令。

（3）打开【拆分单元格】对话框，输入行数是 2 行，列数是 9 列，单击【确定】按钮。

提取原因（在对应□内打"√"）	□购房　□建房　□付房租　□重大疾病　□出境定居　□解除劳动关系 □还贷　□大修　□死亡　□离退休　□调离　　　□户口迁出 □其他							

图 4-18　5 区单元格拆分后的效果图

3．将 5 区的第一、第四、第七列的两单元格合并

下面介绍使用【橡皮擦】工具（见图 4-19）合并单元格。使用【橡皮擦】工具将线条擦除，相当于合并单元格操作。

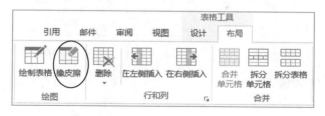

图 4-19　【橡皮擦】工具

（1）单击【绘图】分组的【橡皮擦】工具，这时指针的形状变为一块橡皮擦。
（2）分别单击表格功能区 5 区的第一、第四、第七列的横框线，将其删除。
（3）操作完成后再次单击【橡皮擦】命令，取消橡皮擦功能。

最后效果如图 4-20 所示。

提取原因（在对应□内打"√"）	□ 购房　□ 建房　□ 付房租　□ 重大疾病　□ 出境定居　□ 解除劳动关系 □ 还贷　□ 大修　□ 死亡　　□ 离退休　　□ 调离　　　□ 户口迁出 □ 其他					

图 4-20　表格功能区 5 区的第一、第四、第七列合并单元格后的效果图

4．输入文字并拖动线条美化表格的结构

输入文字，并拖动线条，使文字和框线符号操作要求，其中第一、第四、第七列单元格是长条形，可以将文字方向设置为"竖排"方式，成品效果如图 4-17 所示。

4.4.8　表格功能区 6 区和 7 区的操作

表格功能区 6 区的操作方法与表格功能区 4 区的操作十分接近，这里不再讲解。

表格功能区 7 区的操作方法也很简单，这里也不讲解了。

4.4.9　表格功能区 8 区的操作

表格功能区 8 区是表格的标注部分，这里把功能区 8 区当作表格的一部分来处理。最初插入的表格是 12 行 1 列，照此操作下来，第 8 区刚好是最后一行。如果在操作中发现表格的行数已经用完，可以在表格的末尾插入一行进行操作。

在表格中插入行的操作方法如下：

（1）将光标定位在要插入行的位置。
（2）切换到【表格工具】/【布局】选项卡，在【行和列】分组中单击【在上方插入】或【在下方插入】命令，如图 4-21 所示。很好理解，【在上方插入】命令，就是在光标定位的行的上方插入行；【在下方插入】就是在光标定位的行的下方插入行。

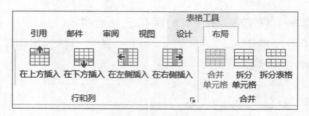

图 4-21 【表格工具】中的【行和列】分组

1. 合并单元格并输入文字

（1）选定功能区 8 区所在的行，将它合并为一个单元格。

（2）输入文字，并对文字进行格式设置，如图 4-22 所示。

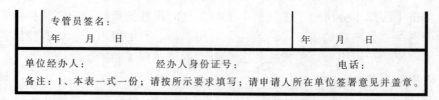

图 4-22 8 区中输入文字并设置格式后效果

2. 设置 8 区边框为虚框线

（1）设置笔样式。

① 切换到【表格工具】/【设计】选项卡。

② 在【边框】分组中，单击【笔样式】命令右侧的三角按钮，弹出【笔样式】菜单，在菜单中选择"无边框"样式，如图 4-23 所示。

图 4-23 设置笔样式操作

③ 这时指针的形状变为 样子，表示边框刷功能起作用。

（2）将功能区 8 区的左、右和下边框设置为虚框线。

指针的形状变为 样子后，分别单击 8 区的左、右和下边框，这样就将 8 区的左、右和下边框设置为"虚框线"了，如图 4-24 所示。

图 4-24 8 区设置虚框线后的效果

相关知识

前面提到，"虚框线"是一种透明的框线，打印时将不被打印。但是在编辑表格时，可以显示或隐藏"虚框线"。显示时，虚框线显示为虚线，隐藏时框线不显示出来。

显示或隐藏"虚框线"操作方法如下：

切换到【表格工具】/【布局】子选项卡，在【表】分组中单击【查看网格线】命令，如图 4-25 所示，将在"显示"和"隐藏"之间切换。

图 4-25 【查看网格线】命令

4.5 实训操作

实训 1　修改错误的表格

本实训列举了读者在学习和操作案例四时出现的 4 处错误，并提出修改方法。

读者在绘制表格的过程中难免会出现错误，正确的处理方法是及时发现，及时处理。如果不知道如何处理，请单击 Word 窗口左上角的【撤销键入】命令，退到上一步操作，考虑清楚了再操作，千万不能将错误进行到底，使表格漏洞百出，最后没有修改的价值，只有删除文档从头做起。

实训 1 的四处错误的位置如图 4-26 所示，分别说明如下：

错误 1：图中标记的位置（表格的第 2 行）所在行的行高值太大，应缩小行高。

错误 2：在"银行账号"与"公积金代码"所在的行之间漏了一行，如何插入一行。

错误 3：图中标志处的这条竖线与邻近的竖线断开了，该如何将它们接成一条线。

错误 4：图中标志处的单元格空间太小，不能容纳 18 个小单元格，如何将"配偶身份证号码"单元格往左移动，使得填写身份证号码处的空间足够大，要求不影响其他行的结构。

操作要求：

（1）打开"素材/案例四/实训 1/住房公积金提取申请表 1.docx"，并将文本保存到"我的作品/案例四/实训 1"文件夹中。

（2）修改图 4-26 中的 4 处错误。

操作提示：

1．错误 1 的修改

（1）在写有"公积金代码"的单元格中，有两个多余的回车符，要把它们删除。多余的回车符是行高不能压缩的罪魁祸首。

（2）错误 1 这一行（表格第 2 行）中"个人编号"单元格右侧的单元格，虽然没有写上文字，但这个单元格的字体的字号设置为"初号"，太大了，这也是行高不能压缩的原因，而且更加隐蔽。需将这个单元格的字号设置为与其他单元格的字号一致。

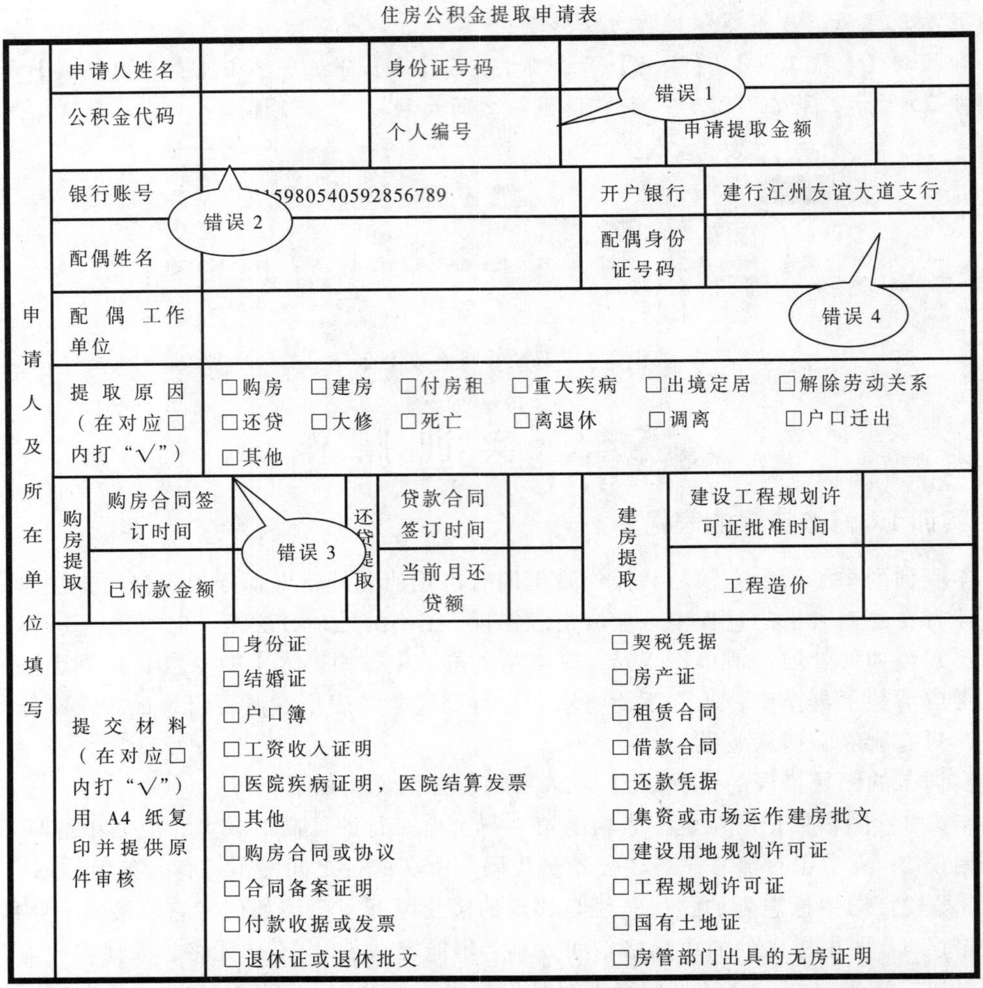

住房公积金提取申请表

图 4-26　表格中 4 处错误位置标记

ℹ️ **提个醒**

　　行高不能压缩，除了检查上面提到的（1）、（2）两点外，有时还要检查这一行的段落格式设置，如图 4-27 所示。操作方法如下：

（1）选定这一行的所有单元格，打开【段落】格式对话框。

（2）将【段落】对话框中将间距（包括段前和段后）设置为 0 行。

（3）行距设置为单倍行距。

（4）取消选中"如果定义了文本网格，则自动调整右缩进"和"如果定义了文档网格，则对齐到网格"复选框。

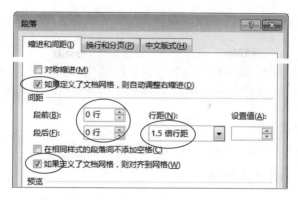

图 4-27　段落格式对话框（部分截图）

2．错误 2 的修改

（1）将插入点定位在"银行账号"这一行（第三行）。

（2）切换到【表格工具】/【布局】子选项卡，在【行和列】分组中单击【在上方插入】命令，如图 4-28 所示。

（3）合并相应的单元格，然后输入文字。

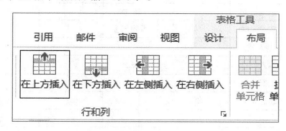

图 4-28　【行和列】分组示意图

提个醒

将插入点定位在"公积金代码"所在的行（第二行），然后在下方插入行也可以完成操作。需要注意的是插入的新行的格式及结构与插入点所在的行一致。

3．错误 3 的修改

将指针移动到目标竖线，当指针的形状变为 ↔‖ 时，说明鼠标已经控制了这条竖线。这时按下鼠标左键左右移动目标竖线，试着与上面的竖线对接，如果能对接成功，则修改完成。如果对接不能成功请按下面的方法操作。

因为竖线的移动是按网格距离移动的，当上面的竖线落在网格的中间依旧很难对接，这时需要平滑移动竖线，操作方法如下。

（1）将指针移动到目标竖线，当指针的形状变为 ↔‖ 时，首先按下键盘的 Alt 键，然后按下鼠标左键左右移动目标竖线，这时竖线的移动是平滑的。

（2）很快目标竖线与上面的竖线就会对接成功，这时先释放鼠标左键，然后释放键盘的 Alt 键。

注意：这个操作是键盘与鼠标的组合操作，按键的顺序是关键，必须先按下 Alt 键，然后按鼠标左键。释放按钮的顺序刚好相反，先释放鼠标左键，然后释放键盘的 Alt 键。

ⓘ 提个醒

当指针移动到目标竖线，指针的形状变为 ↔‖ 时，同时按下鼠标左右两个按键也能平滑移动线条。当对接成功后，先释放鼠标左键，再释放鼠标右键。

4．错误 4 的修改

请参考本案例 4.4.5 表格功能区 3 区的操作方法。

实训 2 制作一份个人简历

个人简历效果如图 4-29 所示。

操作要求：

（1）新建一个 Word 文档，并将文档保存为"我的作品/案例四/实训 2/个人简历"。

（2）参考图 4-29 制作。

个人简历

基本信息	姓名		性别			照片
	出生日期		民 族			
	政治面貌		婚姻状况			
	籍 贯					
	本人电话		Email			
	家庭住址					
教育经历	起止年月	毕业学校		专业	学历	学位
个人能力	语言能力	普通话		英语		其他语言
	其他技能					
	所获荣誉					
自我评价						

图 4-29 实训 2 效果图

案例五 >> 学生毕业论文的排版

一些结构复杂的文档，比如调研报告、学术论文、产品说明书、项目合同、书籍排版等，通常都包含目录、页码、页眉、插图和表格等内容。本案例通过对一篇学生毕业论文进行编辑排版，学习长文档编辑和排版的技巧。

知识目标

（1）理解分节符概念，并能通过插入分节符将文档分为若干部分。
（2）理解样式概念，掌握使用样式编辑文档的标题和正文的方法。
（3）掌握页眉页脚的设置方法。
（4）掌握正确插入页码的方法。
（5）掌握自动生成目录的方法。

能力目标

能够利用所学知识正确编辑复杂的长文档。

5.1 案例情境

毕业论文是本科生大学阶段的一项重要学习内容，但很多学生撰写好论文内容之后，不能按要求将论文编辑排版好，给指导老师增加了指导负担。下面以一篇学生论文为例，讲解毕业论文的编辑和排版的相关知识和操作方法。

5.2 案例分析

（1）文档的组成。文档分为封面、目录、正文三个部分，其中封面已经制作好了，只要将它插入到论文中就行了。

（2）目录的制作由 Word 自动生成。

（3）论文的正文部分，主要由标题、正文文字、图片、表格组成。标题按照级别通常分为一级标题、二级标题、三级标题等。标题的格式、正文的格式都有严格统一的要求，不能随意设置。

（4）掌握页面设置的方法。这里指广义的页面设置，包括纸张大小、页边距的设置，还包括页眉和页脚的设置、页码的设置等内容。

5.3 操作要求

（1）打开"素材/案例五/学生毕业论文（素材）"文档，将文档另存为"学生毕业论文正稿"，保存到"我的作品/案例五"文件夹中。

（2）在文档的前面插入"本科毕业论文封面.docx"。

（3）页面设置：纸张大小为 A4，上下边距为 2.5 厘米，左边距为 3 厘米，右边距为 2.5 厘米，页眉距边距 1.5 厘米，页脚距边距 1.75 厘米。

（4）本论文中包含两级标题，分别是一级标题、二级标题。按照表 5-1 所示要求分别设置论文的标题和正文，并对相应的样式格式进行修改。

表 5-1 论文格式设置要求

内容	样式	格　　　　式
一级标题	标题 1	宋体，小四号，加粗，居中对齐，1.5 倍行距，段前段后距离 0 行
二级标题	标题 2	宋体，小四号，加粗，1.5 倍行距，段前段后距离 0 行，左对齐，左边不留空格
正文	正文	宋体，小四号，首行缩进 2 字符，1.5 倍行距

（5）所有文字，中文字体为宋体，西文字体为新罗马字体（Times New Roman）。

（6）正文中所有一级标题均从新的一页开始。

（7）在封面与正文之间插入目录，目录页的第一行为"目录"两字。"目录"两字之间不插入空格，居中对齐，字体为黑体三号字。目录中的所有阿拉伯数字及英文用 Times New Roman 字体，汉字用小四号宋体，标题全部左对齐，所有段落 1.5 倍行距。

（8）将案例文件分为三节，其中封面为一节，目录部分为一节，正文部分为一节。

（9）页码设置。封面不设页码，目录部分和正文部分单独设置页码，目录部分页码使用大写罗马字（Ⅰ，Ⅱ，Ⅲ，Ⅳ，Ⅴ，……），正文部分页码使用阿拉伯数字（1,2,3,4,……），目录部分与正文部分的页码相互独立编排。

（10）页眉设置。封面、目录部分不设置页眉，正文部分设置页眉，其中奇数页的页眉为"广西江州师范学院学生毕业论文（设计）"，偶数页的页眉格式为"学生姓名+两个全角空格+论文题目"，比如"张三　　基于频率域特性的闭合轮廓描述子对比分析"，页眉格式设置为宋体，小五号，居中对齐。两个全角字空格相当于两个汉字的宽度。

5.4 操作过程

本案例属于长文档的编辑与排版，涉及分节、样式、页眉页脚、页码、目录等知识，下面我们边操作边讲解相关的知识。

打开素材文档，将文档另存为"学生毕业论文正稿"，保存在"我的作品/案例五"文件夹中。

5.4.1　插入封面文档

在文档的前面插入"本科毕业论文（封面）"文档，并在正文与封面之间插入一个分节符。

1．插入封面文档

（1）将插入点定位在论文的左上角，如图5-1所示。

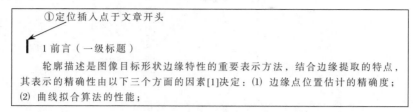

①定位插入点于文章开头

1 前言（一级标题）

　　轮廓描述是图像目标形状边缘特性的重要表示方法，结合边缘提取的特点，其表示的精确性由以下三个方面的因素[1]决定：(1) 边缘点位置估计的精确度；(2) 曲线拟合算法的性能；

图5-1　插入封面文档操作示意图（一）

（2）切换到【插入】选项卡，在【文本】分组中单击【对象】命令右侧的三角按钮，弹出一个菜单，如图5-2所示。

（3）单击菜单中的【文件中的文字】，弹出【插入文件】对话框。

（4）在【插入文件】对话框中选中"本科毕业论文（封面）"文档，单击【插入】按钮，把"封面文档"的内容插入论文文档中。

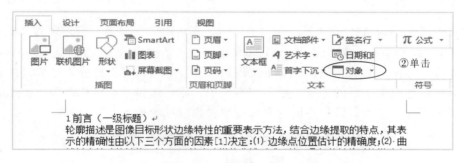

图5-2　插入封面文档操作示意图（二）

2．插入分节符

　　插入封面文档之后，论文正文文字与封面落在同一页上。下面需要将论文正文部分另起一页，通过插入分节符的方法完成这个操作，如图5-3和图5-4所示。

（1）将插入点定位在正文文字与封面之间，比如可以定位在"1 前言（一级标题）"的前面。

（2）切换到【页面布局】选项卡，在【页面设置】分组中单击【分隔符】命令，弹出【分隔符】菜单。

图5-3　插入分节符操作示意图（一）

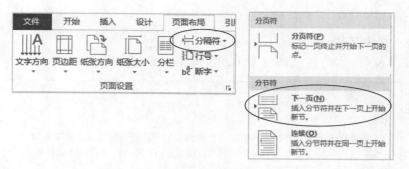

图 5-4　插入分节符操作示意图（二）

（3）选择所需的分节符类型，这里选择"下一页"分节符。

提个醒

（1）也可以使用复制粘贴的方法插入封面文件。

（2）有关"分节符"的概念将在以后介绍。

5.4.2　页面设置

设置纸张大小为 A4，上下边距为 2.5 厘米，左边距为 3 厘米，右边距为 2.5 厘米，页眉距边界 1.5 厘米，页脚距边界 1.75 厘米。

操作方法与前面案例相似，但是本文档插入了分节符，将文档分为 2 节，在【页面设置】对话框【预览】栏的【应用于】文本框中，需要选择"整篇文档"才能正确进行页面设置。不同的节可以进行不同的页面设置，如图 5-5 所示。

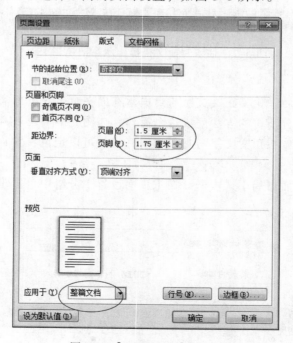

图 5-5　【页面设置】对话框

提个醒

> 如果文档中的段落进行过分栏设置，Word 会自动插入 2 个分节符，所以应当在给文档进行过分栏设置后再进行页面设置，在【页面设置】对话框的【应用于】文本框要选择"整篇文档"。

5.4.3　论文格式设置

1．论文标题格式设置

本论文包含两级标题，分别是一级标题、二级标题。按照表 5-2 要求设置论文的标题格式，并对相应的样式的格式进行修改。

将标题设置为"标题"样式，才能创建自动目录，使用样式还可以快速设置格式。

表 5-2　标题格式要求

内　容	样　式	格　式
一级标题	标题 1	宋体，小四号，加粗，西文字体为（Times New Roman），居中对齐，1.5 倍行距，段前段后距离 0 行
二级标题	标题 2	宋体，小四号，加粗，西文字体为（Times New Roman），1.5 倍行距、段前段后距离 0 行，左对齐，左边不留空格

（1）修改标题 1 样式格式。

① 切换到【开始】选项卡，在【样式】分组中右击样式库中【标题 1】样式，在弹出的菜单中选择【修改】选项，如图 5-6 所示，弹出【修改样式】对话框。

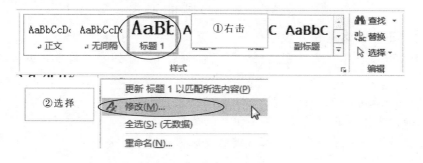

图 5-6　修改标题 1 样式操作示意图（一）

② 在【修改样式】对话框中设置样式的字体格式和段落格式。可以单击左下角的【格式】按钮，选项【字体】格式和【段落】格式进行修改，如图 5-7 所示。

③ 一路单击【确定】按钮，标题 1 样式修改完毕。

（2）给文档的一级标题设置标题 1 样式。

① 选择一级标题段落。

② 切换到【开始】选项卡，在【样式】分组中单击【标题 1】样式，这样就把这个一级标题设置为标题 1 样式了。逐个设置文中所有一级标题文本。

③ 将所有一级标题文字后面的"（一级标题）"文字删掉。

同理，二级标题也类似操作。

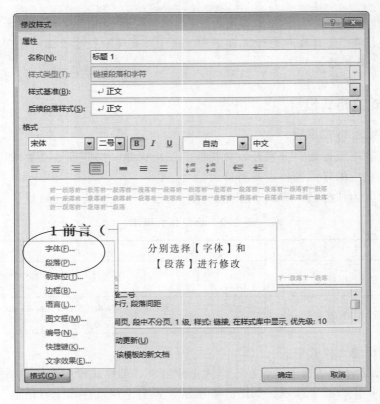

图 5-7　修改标题 1 样式操作示意图（二）

2. 论文正文文本的格式设置

按要求将正文文本（除标题文字外）设置为宋体、小四号，首行缩进 2 字符、1.5 倍行距。

（1）设置正文第一段的格式。

① 选择论文正文的第一段文字（包括回车符）。

② 按要求进行字体格式和段落格式设置。

（2）格式刷的使用。

① 选择论文正文第一段文字（包括回车符），这个段落称为源文档段落。

② 切换到【开始】选项卡，在【剪贴板】分组中双击【格式刷】命令，然后去刷"正文"其余各段，所刷的段落称为目标段落。

③ 所有正文各段设置完成后，再次单击【格式刷】命令，取消格式刷功能。

提个醒

（1）用【格式刷】去刷目标文本时，如果不刷段落标记，则只粘贴源文档段落的字体格式部分。

（2）单击【格式刷】，则格式刷只能刷一次，双击【格式刷】则可以刷多次。

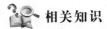

相关知识

1．修改标题样式的直观方法

下面介绍修改标题样式格式的另一种方法，还是以修改标题 1 样式为例。操作方法如图 5-8 所示。

（1）设置段落"1 前言"的格式。

① 选定一段文本，比如选定"1 前言"。

② 将这段文本按要求进行格式设置。将字体格式设置为：宋体，小四号，加粗，段落格式设置为：居中对齐，1.5 倍行距，段前段后距离 0 行。

（2）修改"标题 1"样式格式。

① 将"1 前言"这段（包括回车符）处于选定状态。

② 切换到【开始】选项卡，在【样式】分组的【样式库】中右击"标题 1"样式，弹出一个快捷菜单，单击【更新标题 1 以匹配所选内容】菜单项。这样就完成了更新标题 1 样式的操作。

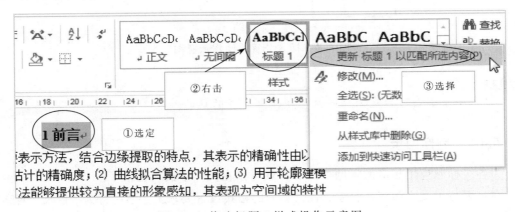

图 5-8　修改标题 1 样式操作示意图

2．样式的概念

（1）样式是格式的范畴，是预先定义好的一组"格式"集合。使用样式可以快速设置字体格式和段落格式。

（2）从样式的来源进行分类，样式可分为内置样式和自定义样式。内置样式是安装 Word 时，系统预先定义好的样式，比如说"正文"样式、"标题 1"样式等。自定义样式是用户自己定义的样式。

5.4.4　设置一级标题

一级标题也称为章标题，在论文的格式设置中，所有一级标题均从新的一页开始。可以插入一个分页符或分节符完成操作。本案例是插入一个分页符。

1．插入分页符

（1）将插入点定位在一级标题段落前面，比如定位在一级标题"2 FD 和 WD 的描述性对比"的前面，如图 5-9 所示。

（2）切换到【插入】选项卡，在【页面】分组中单击【分页】命令，将插入一个人工分页符，这样一级标题"2FD 和 WD 的描述性对比"将从新的一页开始。

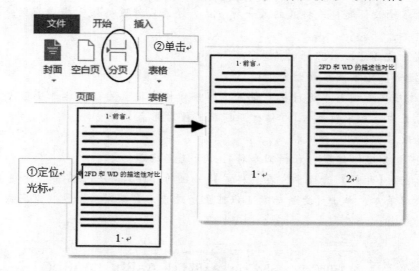

图 5-9   插入分页符操作示意图

> ℹ️ **提个醒**
>
> 插入分节符也可以达到将一级标题另起一页的目的。

5.4.5   制作目录

为各级标题应用相应的标题样式后，就可以在文档中插入目录了。

在封面与正文之间插入目录，目录部分的格式设置要求为：第一行为"目录"两字，"目录"两字之间不插入空格，居中对齐，字体为黑体三号字，目录项的所有阿拉伯数字及英文用 Times New Roman 体，汉字为小四号宋体，目录项全部两端对齐，所有段落 1.5 倍行距。

1．插入目录

（1）将插入点定位在正文前面，本案例是定位在一级标题"1 前言"之前。

（2）切换到【引用】选项卡，单击【目录】分组下的【目录】命令，在弹出的下拉列表中选择一种内置的自动目录即可，比如【自动目录 1】，不要选择【手动目录】，如图 5-10 所示。

（3）按要求对目录的文本进行格式设置。

2．插入分节符

根据页眉和页码设置的要求，必须将目录部分和正文部分分在不同的节中，所以要在目录和正文之间插入一个分节符。

将插入点定位在"1 前言"的前面，然后插入一个分节符。

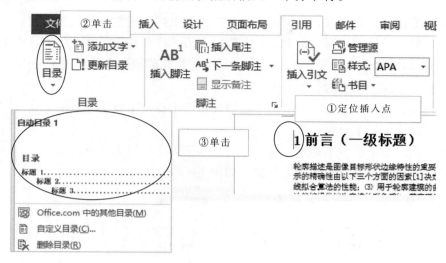

图 5-10 插入目录操作示意图

相关知识

（1）生成的目录，其实是一种域，默认情况下，单击目录或选定目录的时候，会有底纹出现，这底纹称为域底纹。这种底纹是不会打印出来的，可以不用理会。

（2）如果想设置更丰富的目录样式，在制作目录时可以在【目录】下拉菜单中单击【自定义目录】选项 自定义目录(C)... ，打开【目录】对话框，如图 5-11 所示。在【目录】对话框中，可以对是否显示页码、是否页码右对齐、显示级别及制表符前导符等进行设置。

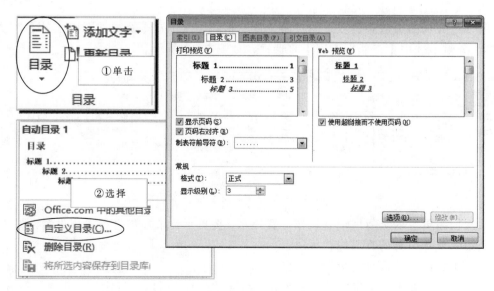

图 5-11 【目录】对话框

5.4.6　设置论文的页眉

本案例的页眉设置要求是：封面和目录不设置页眉；正文部分设置页眉，且奇数页的页眉与偶数页的页眉不同。奇数页的页眉内容为"广西江州师范学院本科生毕业论文（设计）"；偶数页的页眉为"张三　　基于频率域特性的闭合轮廓描述子对比分析"。

1．进入【页眉和页脚】工作界面

（1）切换到【插入】选项卡，在【页眉和页脚】分组中单击【页眉】命令下方的三角按钮，弹出【页眉】设置菜单。

（2）单击【编辑页眉】选项，进入【页眉和页脚】编辑视图方式。

进入【页眉和页脚】工作界面的操作如图 5-12 所示。

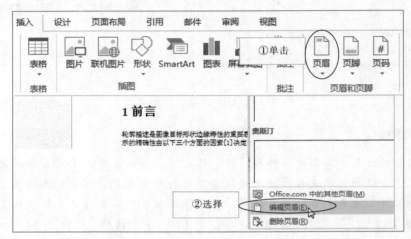

图 5-12　进入【页眉和页脚】工作界面操作示意图

2．设置页眉

因为奇数页的页眉和偶数页的页眉设置不相同，所以在【页眉和页脚工具】选项卡【选项】分组中选中【奇偶页不同】复选框，如图 5-13 所示。

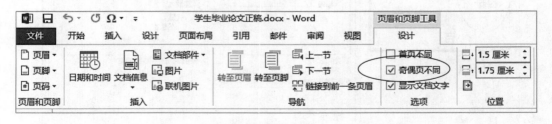

图 5-13　【页眉和页脚工具】选项卡功能区

在文档编辑区的页眉区域有操作位置提示，按提示逐节逐项进行页眉设置。图 5-14 所示是第 3 节奇数页的页眉编辑区。

（1）正文部分奇数页的页眉工作区的设置。

因为封面（第 1 节）和目录（第 2 节）不设置页眉，所以直接定位到正文（第 3 节）奇数页页眉的位置进行编辑。

① 将插入点定位在【奇数页页眉-第 3 节】编辑区。

② 切换到【页眉和页脚工具】/【设计】选项卡，在【导航】分组中单击【链接到前一条页眉】，使其失去作用，将右侧的【与上节相同】命令关掉，如图 5-15 所示。

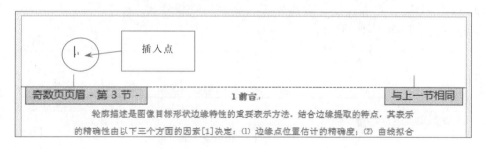

图 5-14　页眉工作区示意图

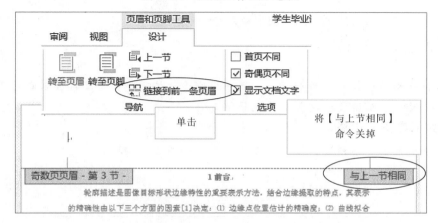

图 5-15　将【与上节相同】功能去掉操作示意图

③ 输入页眉文字。输入"广西江州师范学院学生毕业论文（设计）"字样，并设置为宋体，小五号，居中对齐，如图 5-16 所示。

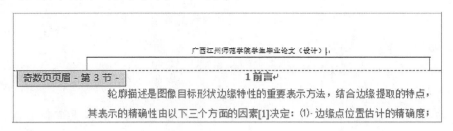

图 5-16　页眉输入文字后效果图（一）

提个醒

为什么要将页眉编辑区右侧的【与上节相同】去呢？

因为如果不去掉【与上节相同】命令，在这里输入的文字，会在上一节（第 2 节）的奇数页中出现，而本案例要求第 2 节是不设置页眉的。

（2）正文部分偶数页的页眉设置。

① 将插入点定位在【偶数页页眉-第3节】，将右侧的【与上节相同】命令去掉。

② 按格式"学生姓名+两个中文空格+论文题目"输入文本，这里输入"张三　　基于频率域特性的闭合轮廓描述子对比分析"，将其格式设置为"宋体，小五号，居中对齐"，页眉设置完成，如图5-17所示。

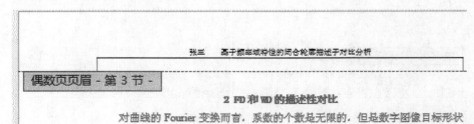

图5-17　页眉输入文字后效果图（二）

相关知识

页眉和页脚的编辑要一节一节、一项一项地进行编辑。页眉编辑区右侧的"与上一节相同"功能根据编辑要求决定去掉或保留。

1．如何在页眉中添加一条横线

在页眉中添加一条横线，界面可能好看些，如图5-18所示。

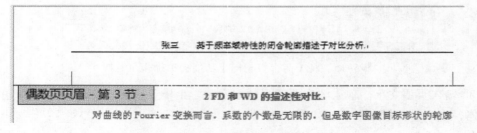

图5-18　页眉加横线的效果

操作步骤如下：

（1）打开【边框和底纹】对话框，如图5-19所示。

① 将插入点定位在要编辑的页眉处。

② 切换到【开始】选项卡，在【段落】分组中单击【边框】工具右侧的三角按钮。

③ 在弹出的菜单中选择最后一项【边框和底纹】，弹出【边框和底纹】对话框。

（2）设置【边框和底纹】对话框。

① 在【边框和底纹】对话框的【设置】栏中选择【自定义】。

② 【应用于】文本框中设置为"段落"。

③ 预览区中设置"下框线"。

④ 单击【确定】按钮，如图5-20所示。

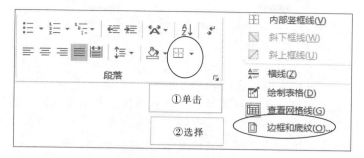

图 5-19　打开【边框和底纹】对话框操作示意图

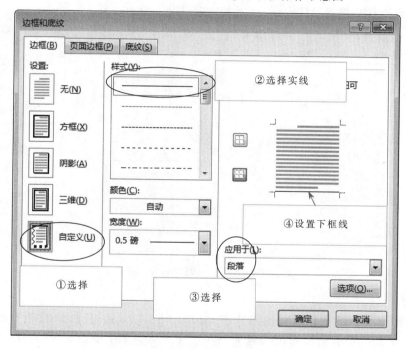

图 5-20　【边框和底纹】对话框设置示意图

2．如何去掉页眉中的横线

以上介绍设置"横线"的操作方法，但有时读者又为如何去掉页眉的横线而苦恼。其实只要用以上介绍的方法打开【边框和底纹】对话框，在对话框的预览区中将下框线去掉就行了。

5.4.7　设置论文的页码

页码设置的要求是：封面不设页码，目录部分和正文部分单独设置页码，目录部分页码使用大写罗马字（Ⅰ，Ⅱ，Ⅲ，Ⅳ，Ⅴ，……），正文部分页码使用阿拉伯数字（1，2，3，4，……），目录部分与正文部分的页码相互独立编排，页码设置在页脚，奇数页的页码右对齐，偶数页的页码左对齐。

1．设置目录部分的页码

本案例中目录部分内容较少，只有一页纸，那目录部分到底是奇数页还是偶数页呢？目录的前节是论文封面，如果续前节，那目录是第 2 页，是偶数页；如果目录不续前节，目录的页码编号是 1，是奇数页。

（1）插入页码。

① 进入【页眉和页脚】编辑视图状态。

② 将插入点定位在目录部分的页脚中，将右侧的【与上节相同】命令删除掉。

③ 单击【页眉和页脚】分组中的【页码】命令，弹出一个【页码】选项菜单。

④ 单击【页码】菜单中的【在当前位置】，在弹出的下一级菜单中，选择【普通数字】，这样将在当前光标处插入页码。

插入页码操作如图 5-21 所示。

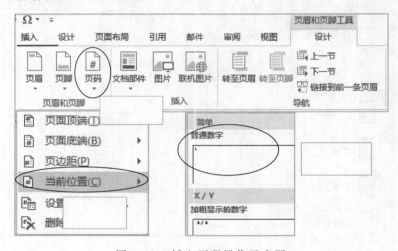

图 5-21　插入页码操作示意图

（2）设置页码格式。

上一步操作插入的页码是阿拉伯数字（1，2，3，……），且目录的第 1 页页码是 2，显然不符合要求。要求是页码用大写罗马字（Ⅰ，Ⅱ，Ⅲ，Ⅳ，……），且目录的第 1 页编号为"Ⅰ"，如图 5-22 所示。

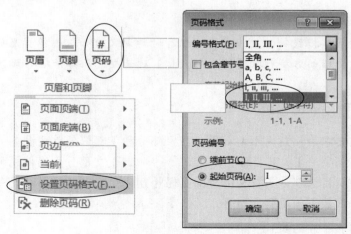

图 5-22　设置页码格式操作示意图

设置页码格式操作方法如下：

① 切换到【页眉和页脚】/【设计】选项卡，在【页眉和页脚】分组中单击【页码】命令，弹出【页码】菜单。

② 在【页码】菜单中选择【设置页码格式】，弹出【页码格式】对话框。

③ 在【页码格式】对话框中，【编号格式】选择罗马字（Ⅰ，Ⅱ，Ⅲ，Ⅳ，……），【页码编号】选择【起始页码】选项，数字为"Ⅰ"，单击【确定】按钮。

🛈 提个醒

以上讲解的是第2节偶数页的页码设置。细心的读者会发现目录部分的页码并没有出现罗马字的页码，为什么呢？本案例目录部分的特点是只有一页纸，在没有设置页码前，它默认是第2页（第1页是封面），所以，我们设置的是第2节的偶数页页码。在设置页码格式中，我们将页码编号设置为"起始页码"，起始页码为"1"，这样，页码又重新编号了，目录这一张纸又变成奇数页，而奇数页的页码我们没有编辑，所以在目录的页码部分看不到罗马字的页码。请再次编辑目录部分的页码（这次是编辑第2节奇数页的页码，方法与编辑第2节偶数页的页码完全一致）。

2．设置正文部分的页码

正文部分是第3节，要分别对偶数页的页码和奇数页的页码进行设置。下面以设置第3节奇数页的页码为例进行讲解。

（1）将插入点定位在【奇数页页脚–第3节】编辑区中。因为第2节（目录部分）也设置了页码，所以编辑区右侧的"与上节相同"的命令不用去掉。

注意：我们发现在【奇数页页脚–第3节】编辑区中已经有页码了，为什么呢？这是因为右侧的"与上节相同"在起作用。与上节相同就是与第2节相同，我们在第2节中插入了页码，第3节也就自然有了页码，因此只要设置页码格式就行了。

（2）在【页眉和页脚】分组中单击【页码】命令，弹出【页码】菜单。

（3）选择菜单中的【设置页码格式】选项，弹出【页码格式】对话框。

（4）在【页码格式】对话框中，【编号格式】选择阿拉伯数字（1，2，3，……），【页码编号】选择"起始页码"选项，数字为"1"，单击【确定】按钮，如图5-23所示。

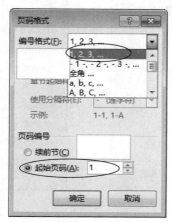

图5-23　设置正文部分的页码格式

（5）将页码置右对齐。

对于【偶数页页脚-第3节】的设置主要是设置对齐方式（左对齐），并检查页【页码格式】对话框中【页码编号】是否选择【起始页码】选项，且设置数字为"1"。

这样论文中的页码已经设置完成，检查每一节的页眉和页脚设置是否正确，如果有错误或遗漏，请修改。

相关知识

1．分节符的作用

分节符的作用就是将文档分成若干个相对独立的部分，不同的节可以有自己独特的页眉和页码格式。比如目录部分不设置页眉，而正文部分设置页眉，这就要在目录和正文之间插入一个分节符。

2．页眉和页脚编辑区右侧的"与上节相同"的作用

分节的本意是将文档分成若干个独立部分，但有时相邻节的页眉或页脚需要相同的设置，这样【页眉和页脚】编辑区右侧的【与上节相同】就起作用了。你可以选择去掉【与上节相同】的功能，这样节与节之间就真正独立了。

3　设置页码注意事项

页码实际上是一种域，插入页码不能从键盘输入，必须通过【页码】命令完成输入和设置。

4．正文分为多节的文档的页眉和页码设置

有些文档会将每一章设置为一节，这样每一章就可以设置独特的页眉和页脚了。如果将文档正文部分分为多节，页码的设置就要注意了。

一般来说，与目录相邻的节的页码格式设置为【起始页码】，这样保证正文的页码从"1"开始。其余各节页码的格式设置为【续前节】，这样保证正文部分页码的连续性，如图5-24所示。

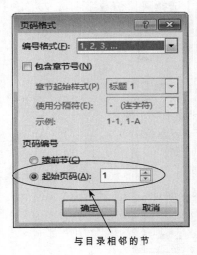
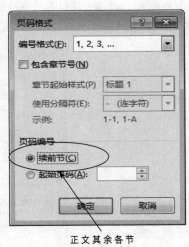

图 5-24　正文分为多节的文档的页码格式设置

5.5 实 训 操 作

实训 制作会议秩序手册

操作要求：

（1）打开"素材\案例五\实训1\会议秩序手册（素材）"文件。

（2）将文件另存为"会议秩序手册"，保存到"我的作品/案例五/实训1"文件夹。

（3）将文档中编号为"一、二、三、四"的段落设置为标题1，并将标题1的段前段后距离改为自动，行距改为单倍行距。

（4）在"一、报到、会务组"的前面插入目录。

（5）将封面、目录、以及正文四个部分各自设置为单独一节。

（6）设置页码。封面和目录部分不设置页码，页码从正文开始，且连续编号。

（7）设置页眉。封面和目录不设置页眉。正文部分的页眉内容与每页的标题1的内容一致，字号设置为5字号，右对齐。

实训1效果如图5-25所示。

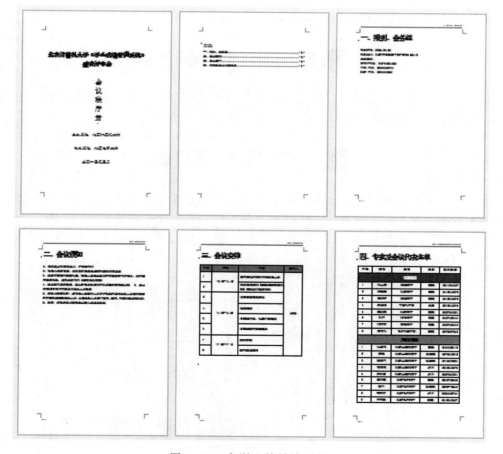

图 5-25　实训 1 效果缩列图

案例六 ▶

>>> 制作一份独特的个人简历

Word 是一个图文混排的软件，本案例主要讲解图形对象的编辑。图形对象主要包括艺术字、图片、文本框、形状和 SmartArt 对象等。

知识目标

（1）掌握插入各种图形对象的方法。
（2）掌握各种图形对象的格式设置。

能力目标

能够利用 Word 提供的图形编辑功能制作精美的文档。

6.1 案 例 情 境

大三学生李爱花想利用即将到来的暑假时间到某公司去实习。为了更好地吸引公司主管部门的注意，她特意制作了一份精美而独特的个人简历。

6.2 案 例 分 析

本案例效果如图 6-1 所示。从效果图来看，文档主要由各种图形对象组成。图形对象包括艺术字、文本框、图片、SmartArt 对象。文档用一个表格进行版式布局，分为四个区域，分别是"我的名片"区、"实习经历"区、"履历与荣誉证书"区和"励志区"。"励志区"在文档的右下角，由一个艺术字组成。

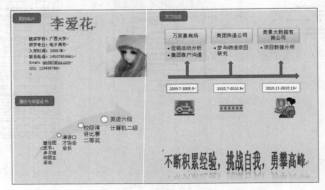

图 6-1 案例六效果缩列图

6.3 操作要求

（1）新建一个 Word 文档，并将文档保存到"我的作品/案例六/独特的个人简历.docx"。

（2）页面设置：纸张大小 A4，纸张方向"横向"；上下左右边距均为 1.5 厘米。

（3）版面布局：插入一个 2×2 表格，并适当调整表格，将版面设置为四个区域，将表格线设置为虚框线，表格底纹颜色设置为主题颜色"水绿色，强调文字颜色 5，淡色 80 其他"。

（4）文档划分为四个区域，"我的名片"区中，"我的名片"字样置于一个形状图形"圆角矩形"中，姓名"李爱花"为艺术字，艺术字样式可选，左侧是一个文本框，将文本框设置为"无填充颜色"、形状轮廓设置为"无轮廓"，用于填写个人信息，比如"就读学校""通信方式"等，右侧是一图片（半身照），将图片设置设"浮于文字上方"，图片大小为高 3.6 厘米，宽 3 厘米。

（5）"实习经历"区中，"实习经历"字样置于一个形状图形"圆角矩形"中，从上到下，上方是一个 SmartArt 对象，选用"水平项目符号列表"，下方的"箭头"图形可以通过插入形状图形完成，"箭头"下方是表示时间的三个文本框，将文本框设置为轮廓线，2.25 磅，形状轮廓线颜色为主题颜色"橙色，强调文字颜色 6"，最下方的三个图形均设置为"浮于文字上方"。

（6）"履历与荣誉证书"区。"履历与荣誉证书"字样置于一个形状图形"圆角矩形"中，本区域插入的是 SmartArt 对象，选用"箭头向上"。

（7）右下角是"励志区"，插入一个艺术字"不断积累经验，挑战自我，勇攀高峰"，适当选用一种合适的艺术字样式，并设置合适的艺术字效果。

6.4 操 作 过 程

6.4.1 页面设置及布局规划

1．页面设置

页面设置：纸张大小 A4，纸张方向"横向"；上下左右边距均为 1.5 厘米。

2．插入表格

绘制一个如图 6-2 所示的表格，表格覆盖整个页面。将表格的框线设置为虚框线，并显示虚框线。

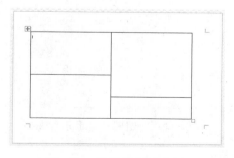

图 6-2 版面规划示意图

注意：请用"绘制表格"的方法绘制表格，不要用"插入表格"的方法插入表格，因为用"插入表格"的方法插入表格，调整线条比较麻烦。

3．设置表格格式

设置表格底纹颜色为主题颜色"水绿色，着色5，淡色80其他"，如图6-3所示。

（1）选定整个表格。

（2）切换到【表格工具】/【设计】子选项卡，在【表格样式】分组中单击【底纹】命令下方的三角按钮，弹出选择颜色的面板。

（3）在面板中选择主题颜色"水绿色，着色5，淡色80其他"（在主题颜色列表的倒数第2列第2行）。

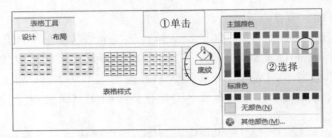

图6-3　设置表格底纹操作示意图

6.4.2　"名片区"的制作

1．绘制"名片区"标签

（1）绘制圆角矩形。

① 切换到【插入】选项卡，在【插图】分组中，单击【形状】命令，弹出【形状图形】面板。

② 在【图形面板】中选择【圆角矩形】命令，如图6-4所示。这时指针形状为十。

③ 在"名片区"中画出一个圆角矩形。

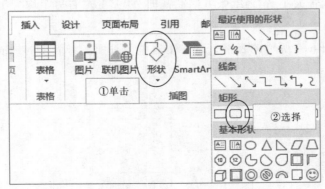

图6-4　绘制圆角矩形示意图

（2）设置圆角矩形的格式。

① 选定此圆角矩形。

② 切换到【绘图工具】/【格式】选项卡，在【形状样式】分组中单击选择一种形状样式，这里选择"彩色填充–红色，强调颜色 2"，如图 6-5 所示。

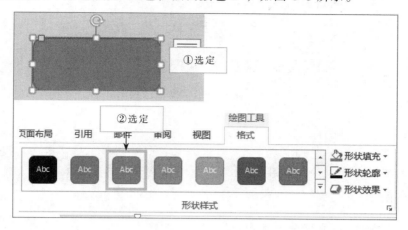

图 6-5　设置圆角矩形样式

（3）在圆角矩形中输入文字。

① 选定"圆角矩形"，然后输入文字"我的名片"。

② 适当调整图形的大小，设置文字的颜色、字号等。这样"我的名片"圆角矩形就制作好了。

（4）拖动"圆角矩形"对象到区域的左上角。

① 移动鼠标，将指针移动到图形的边缘时出现十字箭头✛，这时按下鼠标左键，可以移动图形对象的位置，如图 6-6 所示。

② 将图形对象移动到区域的左上角。

图 6-6　移动圆角矩形操作示意图

ℹ️ 提个醒

将指针移动到图形对象的边缘，当指针变为✛时，拖动鼠标可以移动图形对象的位置。这个操作对任何种图形对象都适用。

2．绘制艺术字

（1）插入艺术字。

在"名片区"中，姓名"李爱花"三个字是艺术字格式。设置方法如下：

切换到【插入】选项卡，在【文本】分组中单击【艺术字】命令，弹出【艺术字样式】面板，选择一个艺术字样式；这时在页面中出现一个写有"请在此放置您的文字"的艺术字文本框，如图 6-7 所示。

（2）将艺术字文本框的文字更改为"李爱花"。

在艺术字文本框中，将文字"请在此放置你的文字"更改为"李爱花"，并设置文字的字号，适当调整文本框的大小，将其拖动到合适的位置。

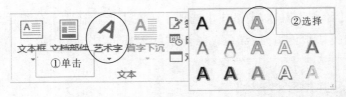

请在此放置您的文字

图 6-7　插入艺术字操作示意图

提个醒

　　如果觉得这个艺术字的样式不好，还可以更改艺术字样式，方法是：选定艺术字文本框中的文字，在【绘图工具】/【格式】选项卡【艺术字样式】分组中从样式库选一个样式即可。

3．绘制文本框并填写个人信息

（1）绘制文本框，操作如图 6-8 所示。

① 切换到【插入】选项卡，在【文本】分组中单击【文本框】命令，弹出【文本框】菜单。

② 在菜单中单击【绘制文本框】选项，这时光标变成一个十字形状。

③ 在页面上绘制一个文本框，并将它拖到名片区的相应位置。

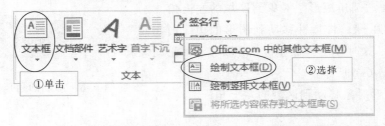

图 6-8　插入文本框操作示意图

（2）输入个人信息。

在文本框中输入李爱花个人信息的文字，并对文字进行适当的格式设置。

（3）对文本框进行格式设置。

将文本框的填充颜色设置为"无填充颜色"，形状轮廓颜色设置为"无轮廓"，使文本框看起来是透明的，且无四周框线。

① 选定文本框，切换到【绘图工具】/【格式】选项卡，在【形状样式】分组中，单击【形状填充】工具右侧的三角按钮，弹出一个【填充工具】面板，选择【无填充颜色】，可设置文本框为"透明"样式，如图 6-9 所示。

② 选定文本框，切换到【绘图工具】/【格式】选项卡，在【形状样式】分组中，单击【形状轮廓】工具右侧的三角按钮，弹出一个【形状轮廓工具】面板，选择【无轮廓】选项，可设置文本框的边框为无轮廓线，如图 6-10 所示。

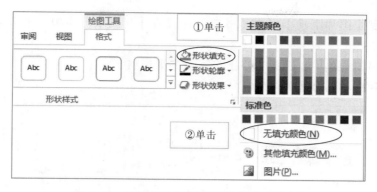

图 6-9　设置文本框填充颜色操作示意图

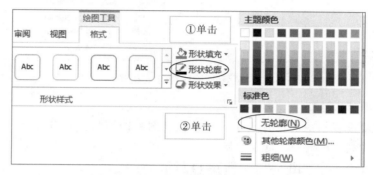

图 6-10　设置文本框边框颜色操作示意图

4．插入相片图片

（1）插入图片。

李爱花图片放在"素材/案例六/"中。

① 切换到【插入】选项卡，在【插图】分组中，单击【图片】工具，打开【插入图片】对话框，如图 6-11 所示。

② 在【插入图片】对话框中，选择要插入的图片，单击【确定】按钮，可在页面中插入图片。

图 6-11　插入图片操作示意图

（2）设置图片环绕方式为"浮于文字上方"。

插入的图片，其环绕方式默认为"嵌入型"，这种图片环绕方式不容易移动图片位置，我们将其改为"浮于文字上方"。有关的环绕方式的知识在案例二中已经讲解，如有必要可参看相应的内容。

设置图片环绕方式为"浮于文字上方"，如图 6-12 所示。

① 选定图片，在选项卡区出现【图片工具】/【格式】选项卡。

② 切换到【图片工具】/【格式】选项卡,在【排列】分组中,单击【自动换行】命令。

③ 在弹出的菜单中,选择【浮于文字上方】选项。

④ 将图片移动到合适的位置。

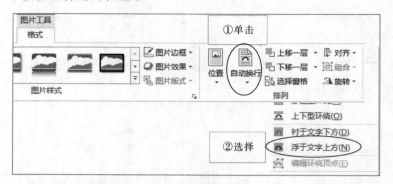

图 6-12　设置图片环绕方式操作示意图

(3)设置图片大小。

如果不需要设置精确的图片大小,直接拖动图片四周的控制点即可。现在要精确设置图片的大小为高 3.6 厘米,宽 3 厘米。

设置图片大小操作如图 6-13 和图 6-14 所示。

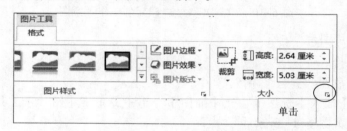

图 6-13　设置图片大小操作示意图(一)

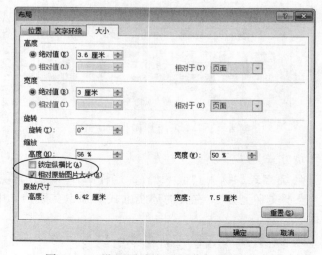

图 6-14　设置图片大小操作示意图(二)

① 选定图片，切换到【图片工具】/【格式】选项卡，在【大小】分组中单击右下角的功能扩展按钮，弹出【布局】对话框。

注意：直接在【大小】分组中的高度和宽度文本框中设置大小比较方便，但是如果图片锁定了纵横比，则设置高度，会联动设置宽度，反之也一样。

② 在【布局】对话框的【大小】选项卡中，取消选中【锁定纵横比】复选框，然后输入高 3.6 厘米，宽 3 厘米，单击【确定】按钮。

6.4.3 "实习经历区"的制作

1. 绘制 SmartArt 对象

SmartArt 图形是信息和观点的视觉表现形式。这里的 SmartArt 对象选用"水平项目符号列表"。

（1）插入 SmartArt 对象。

① 切换到【插入】选项卡，在【插图】分组中单击 SmartArt 命令，如图 6-15 所示，弹出【选择 SmartArt 对象】对话框。

图 6-15 插入 SmartArt 对象操作示意图（一）

② 在【选择 SmartArt 对象】对话框左侧的【类型】栏中，单击选择【列表】类，在中间栏中选择【水平项目符号列表】，单击【确定】按钮，如图 6-16 所示。

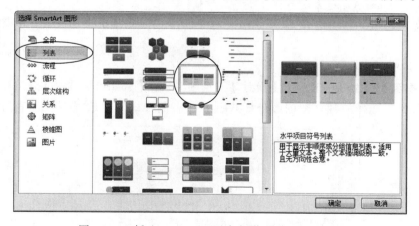

图 6-16 插入 SmartArt 对象操作示意图（二）

（2）编辑 SmartArt 对象。

① 页面中出现了所插入的 SmartArt 图形，SmartArt 图形分为左右两边分，左侧是文本窗格，右侧是形状图形，默认有三个形状。

② 分别在 SmartArt 对象的三个形状中输入文字，如图 6-17 所示。

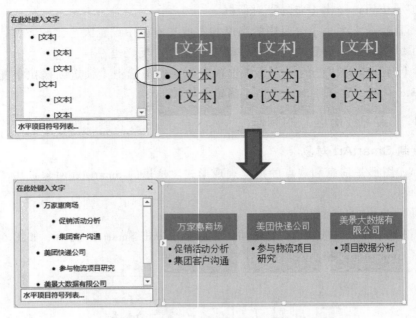

图 6-17　编辑 SmartArt 对象操作示意图

提个醒

　　SmartArt 对象有两个窗口，在左侧的文本窗口中输入文字与在右侧的图形对象中输入文字效果是一样的。单击两个窗口交界边中间的按钮 可以显示或隐藏文本窗口。

（3）设置 SmartArt 对象的样式。

　　输入文字之后，还可以设置 SmartArt 对象的样式，使对象更加美观，如图 6-18 所示。

① 选定 SmartArt 对象。

② 切换到【SmartArt 工具】/【设计】子选项卡，在【SmartArt 样式】分组中单击【更改颜色】命令，选择一种合适的颜色样式，并在右侧样式库中选择一个合适的样式。

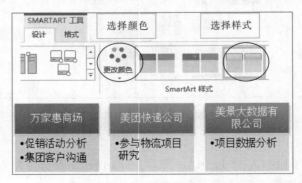

图 6-18　设置 SmartArt 对象样式操作示意图

相关知识

1. 设置 SmartArt 对象的自动换行方式

当插入 SmartArt 对象之后，会发现对象不好移动，这时因为对象默认的换行方式为"嵌入型"，只要将对象的换行方式设置为"四周型"，或"浮于文字上方"，对象就好移动了。

2. SmartArt 对象左侧文本窗格

在 SmartArt 对象中输入文本也可以在"文本窗格"中输入。单击 SmartArt 对象左边框的中间的 ▷ 按钮，可以显示或隐藏"文本窗格"，如图 6-19 所示。

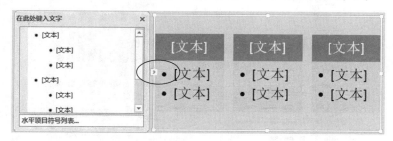

图 6-19 显示或隐藏 SmartArt 对象的"文本窗格"的按钮

3. 插入箭头形状图形

（1）切换到【插入】选项卡，在【插图】分组中单击【形状】命令，弹出【形状】种类面板，选择【箭头总汇】中相应的箭头形状，如图 6-20 所示，这时指针变成一个"+"形状，表示可以在页面中拖动画图；

（2）在页面中相应的位置拖动鼠标绘制出所需的箭头。

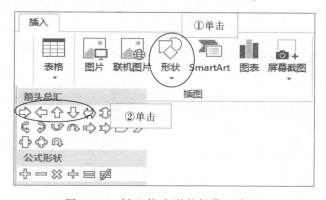

图 6-20 插入箭头形状操作示意图

4. 插入三个文本框

用三个文本框写出实习时间，操作方法如下：

（1）插入文本框。

① 切换到【插入】选项卡，在【文本】分组中单击【文本框】命令，在弹出的菜单中选择【绘制文本框】命令，这时光标变成一个"+"形状，表示可以在页面中拖动画图。

② 在页面中相应的位置拖动鼠标绘制出所需的文本框。

③ 在文本框中输入相应的文字，并进行恰当的格式设置。

（2）设置文本框的形状轮廓。

① 选定文本框；

② 在【绘图工具】/【格式】选项卡的【形状样式】分组中，单击【形状轮廓】命令右侧的三角按钮，在颜色菜单中选择【粗细】选项，选择 2.25 磅线型；

③ 在弹出的颜色菜单中选择标准色"橙色"颜色（标准色，第三个颜色块）。

设置文本框形状轮廓操作如图 6-21 所示。

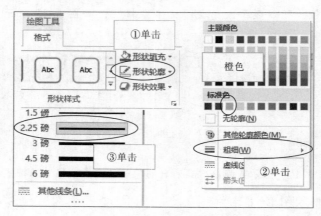

图 6-21　形状轮廓操作示意图

6.4.4　"履历与荣誉证书区"的制作

1. 插入 SmartArt 对象

"履历与荣誉证书"区域中插入的是 SmartArt 对象，选用的是"流程"类型的"箭头向上"样式。

SmartArt 对象的操作前面已经讲解过了。插入 SmartArt 对象操作如图 6-22 所示。一般插入 SmartArt 对象时，默认给出 3 个形状，本例有 4 个形状，如何添加呢？

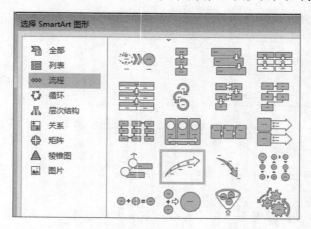

图 6-22　插入箭头向上图形示意图

2．添加形状

（1）选定 SmartArt 对象的一个形状图形。

（2）切换到【SmartArt 工具】/【设计】选项卡，在【创建图形】分组中单击【添加形状】命令右侧的三角按钮，如图 6-23 所示。在弹出的菜单中选择【在前面添加形状】或【在后面添加形状】。

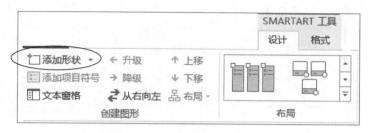

图 6-23　添加形状操作示意图

> **提个醒**
>
> 如何将 SmartArt 对象的多余形状删除呢？你可以打开文本窗格，用退格键将不要的形状删除，但至少要保留一个形状。

6.4.5　"励志区"的操作

右下角是"励志区"，插入一个艺术字"不断积累经验，挑战自我，勇攀高峰"。

插入艺术字的方法前面已经讲过。插入艺术字之后，可以给艺术字设置一些效果，增加艺术字的感染力。

（1）选定艺术字，切换到【绘图工具】/【格式】选项卡，在【艺术字样式】分组中，单击【文本效果】命令，弹出【文本效果】菜单。

（2）利用菜单给出的命令，给艺术字添加相应的效果，比如阴影效果、发光效果、旋转效果等，如图 6-24 所示。

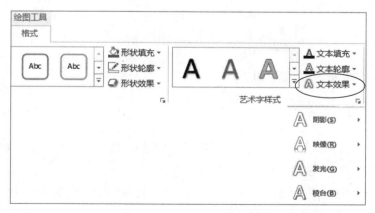

图 6-24　艺术字文本效果选项

相关知识

形状图形的效果设置

形状图形可以设置许多效果，增加艺术感染力。这些设置可以通过【绘图工具】/【格式】选项卡中【形状样式】分组中的【形状填充】【形状轮廓】【形状效果】命令完成，如图 6-25 所示。这些效果可以组合应用。图 6-26 是一些椭圆形状效果图的例子。

图 6-25　形状样式分组示意图

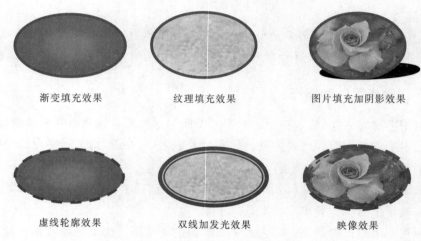

渐变填充效果　　　　　纹理填充效果　　　　　图片填充加阴影效果

虚线轮廓效果　　　　　双线加发光效果　　　　　映像效果

图 6-26　椭圆效果图举例

6.5　实　训　操　作

实训　制作缴费过程流程图

流程图效果如图 6-27 所示。

操作要求：

（1）新建一个 Word 文档，并将文档保存到"我的作品/案例六/缴费流程图.docx"中。

（2）流程图要制作在画布内。

（3）流程图中连接两个形状的箭头连线的两端要吸附到所连接的形状。

（4）参照图 6-27 制作。

注意：文字素材保存在"素材/案例六/实训 1/缴费流程图文本素材.docx"中。

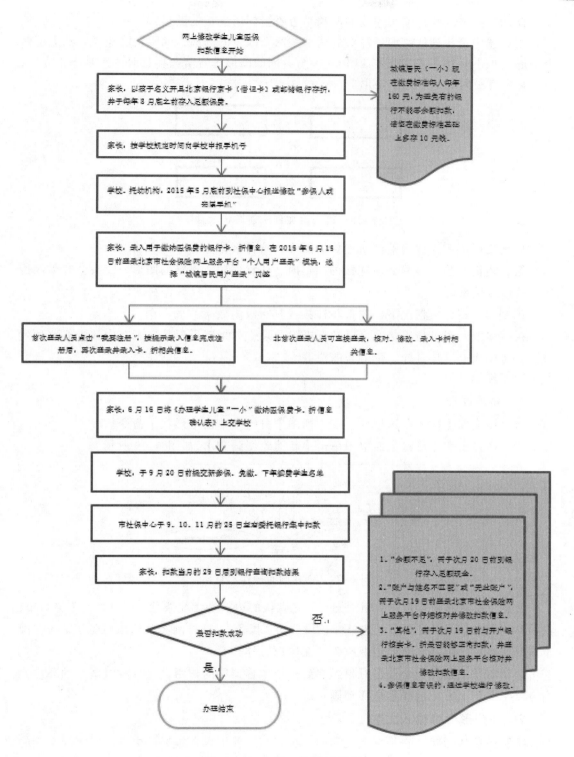

图 6-27 实训 1 效果缩列图

问题 1：怎么知道箭头连线的两端是否吸附到所连接的图形？

答：选定箭头连线，如果箭头的两端是两个绿色的圆圈，说明它已经吸附到上下两个图形，如图 6-28 的左侧图形。图 6-28 图右侧的图形选定箭头形状时两头是小正方形，所以它没有吸附到上下两个矩形。

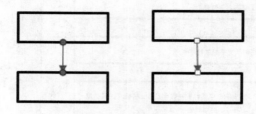

图 6-28　箭头附加到所连形状示意图

问题 2：箭头连线吸附到所连接的图形，有什么特点？

答：当箭头连线吸附到所连接的图形时，任意移动所连接的图形，箭头会时刻保持他们的连接关系。

问题 3：在什么情况下，图形与连接线具有吸附效果？

在画布中的图形与连接线可以具有吸附效果。如果图形不是在画布中就没有这种效果了。连接线可以是直线、带箭头的线等。

操作提示：

1．新建画布

（1）切换到【插入】选项卡，在【插图】分组中单击【形状】命令。

（2）在弹出的【形状】面板中单击【新建绘图画布】，如图 6-29 所示。

图 6-29　创建画布操作示意图

注意：新建的画布是一个矩形图形，它默认的边框是无线条色，所以，不选定画布，就看不到画布。可以将画布的边框颜色设置为"黑色"，这样画布就清晰可见了。当在画布作图完成后，再将画布的边框改为"无轮廓"样式。

画布本质上也是一个图形对象，起到一个"容器"的作用，可以设置画布的环绕方式为浮于文字上方，这样容易移动画布。

2．在矩形框中输入文字

绘制的矩形形状，它是有填充色的。选定矩形就可以在矩形框中输入文字，文字的颜色默认是白色，这一点要特别注意。

（1）直接输入。绘制好矩形形状图形后，选定矩形框就可以直接输入文字了。

（2）通过复制粘贴输入文字。

① 选定文字块，单击【复制】命令。

② 右击矩形框，弹出一个快捷菜单。

③ 在快捷菜单中选择【粘贴】选项中的即可，如图 6-30 所示。

图 6-30　粘贴选项示意图

ⓘ 提个醒

因为矩形框中的文字颜色默认为白色，当矩形框的填充颜色为白色或无填充颜色时，所粘贴的文字或输入的文字是看不见的，必须将矩形框中的文字颜色更改为黑色或别的颜色。

3．设置箭头形状与矩形图形的吸附连接

这个操作需要一些技巧，并多加练习。

（1）选定箭头形状。看看箭头的两端是不是绿色小圆点，如果是说明操作已经成功。如果不是，继续下面的操作步骤；

（2）选定箭头两端的小正方形控制点，缓慢移动到目标矩形框，当矩形框的四条边的中点出现小点时，移动靠近这些小点。小点具有"磁性"会将箭头形状的端点吸附过去。

4．流程图下部分的"是"和"否"是怎样写上去的？

"是"和"否"两字实际上是写在文本框中的，且将文本框的边框设置为"无轮廓"，填充效果设置为"无填充颜色"。

案例七 ▶

》制作一份新生基本情况表

本案例的新生基本情况表包括序号、学号、学生姓名、身份证号码、性别、年龄、籍贯、是否团员和高考分数等信息，是一个简单的二维表。但是学生人数较多，信息量大，为了高效录入数据、管理数据，通常采用 Excel 电子表格来完成这项工作。

Excel 电子表格是 Office 办公软件的一个重要的组成模块，它有很强的数据分析和数据管理功能，比如筛选、排序、分类汇总等。它还有很强的计算功能，可以完成用户对数据的计算要求，比如求和、求最大值、求最小值等。大家知道，身份证号码包含有性别、出生年月的信息，本案例中只要输入身份证号码，就可以用公式计算出性别、年龄、出生年月，这样就大大提高了录入速度和数据的准确性。

知识目标

(1) 掌握工作表的基本操作方法。
(2) 掌握各种数据类型数据的输入与编辑方法。
(3) 掌握自动填充功能的使用方法。
(4) 掌握 IF()、MID()、DATE()、INT()和 TODAY()等函数的使用方法。
(5) 掌握单元格格式设置的方法。
(6) 掌握工作表打印设置方法。

能力目标

能够设计出符合要求的工作表，并能够高效地录入数据，提高工作效率。

7.1 案例情境

每当新生入学，各学院都会将新生的基本情况记录下来，这是一项繁杂的工作。秘书小李又要加班加点的工作了，好在小李是电脑高手，这个问题难不倒他。小李选用 Excel 来完成这项工作，巧妙地利用 Excel 的函数，只要输入身份证号码，就能计算出出生年月、性别、年龄等；序号与学号都是有规律的数，利用 Excel 的填充复制功能，几百号学生的序号、学号就输入完毕，工作效率是相当高的了。

7.2 案例分析

本案例效果如图 7-1 所示。

学生基本情况表								
序号	学号	姓名	身份证号码	民族	性别	出生日期	年龄	籍贯
001	160310601001	马小军	110101200001051054	壮族	男	2000 年 1 月 5 日	18	湖北
002	160310601002	曾令铨	110102199812191513	壮族	男	1998 年 12 月 19 日	19	北京
003	160310601003	张国强	110102199903292713	壮族	男	1999 年 3 月 29 日	19	北京
004	160310601004	孙令煊	110102199904271532	壮族	男	1999 年 4 月 27 日	19	北京
005	160310601005	江晓勇	110102199905240451	壮族	男	1999 年 5 月 24 日	19	山西
006	160310601006	吴小飞	110102199905281913	壮族	男	1999 年 5 月 28 日	19	北京
007	160310601007	姚南	110103199903040920	壮族	女	1999 年 3 月 4 日	19	北京
008	160310601008	杜学江	110103199903270623	壮族	女	1999 年 3 月 27 日	19	北京
009	160310601009	宋子丹	110103199904290936	壮族	男	1999 年 4 月 29 日	19	北京
010	160310601010	吕文伟	110103199908171548	壮族	女	1999 年 8 月 17 日	19	湖南
011	160310601011	符坚	110104199810261737	壮族	男	1998 年 10 月 26 日	19	山西
012	160310601012	张杰	110104199903051216	壮族	男	1999 年 3 月 5 日	19	北京

图 7-1 案例效果截图

1．数据结构

本案例的数据结构由序号、学号、姓名、身份证号码、民族、性别、出生日期、年龄、籍贯、是否团员和高考分数等数据列组成。

2．正确输入数据

Excel 的数字类型较多，要正确地录入数据，必要时要更改数字类型。"序号"列要更改为文本，"学号"列要更改为数值型数据或文本型数据，"身份证号码"列一定要更改为文本型数据，才能正确输入数据。

3．快速地录入数据

要充分利用 Excel 提供的序列填充功能，快速地完成序号列和学号列的录入。身份证号码包含有出生日期和性别的信息，利用公式和函数完成出生日期、性别和年龄列的输入，以提高效率。

4．美化表格

数据录入完成后，应该设置好单元格的格式，比如设置好数据的字体格式、对齐方式等，添加表格框线，设置单元格的底纹等。

5．打印设置

表格的列数比较多，进行页面设置时要将纸张方向设置为横向。同时表格的记录多，要多页打印。打印时也要设置好标题行、打印页码等操作。

7.3 操作要求

本案例是建立一个学生基本情况表，主要学习数据的录入、格式化单元格、页面设置、打印设置等。

操作要求如下：

（1）打开"素材/案例七/学生基本情况（素材）.xlsx"文件，并以"学生基本情况.xlsx"为名另存到"我的作品/案例七"文件夹中。

（2）在 Sheet1 工作表中输入图 7-2 所示数据，只要求输入前 3 条记录的部分内容。目的是掌握数字数据的录入方法。

序号	学号	姓名	身份证号码
001	160310601001	马小军	110101200001051054
002	160310601002	曾令铨	110102199812191513
003	160310601003	张国强	110102199903292713

图 7-2　要求输入数据的内容

（3）在 Sheet2 工作表中，利用 Excel 的序列填充功能完成"序号"和"学号"列数据的录入，序号的序列为"001，002，……"，学号的序列为是"160310601001，160310601002，160310601003，……"。

（4）用公式或函数完成性别、出生日期、年龄的输入。年龄满 12 个月，才计为 1 岁。

（5）在 Sheet2 工作表的第一行前面插入一行，并在 A1 单元格中输入"学生基本情况表"。

（6）将 Sheet2 工作表更名为"学生情况表"。

（7）将"学生情况表"中的 A1:K1 单元格区域合并并居中，并将字体设置为宋体、17 磅，填充色为标准色"红色"。

（8）给表格添加框线，设置所有单元格的对齐方式为居中对齐。

（9）进行打印页面设置，设置打印标题为第二行（字段名），并插入打印页码，表格水平居中。

7.4　认识 Excel 工作界面

Excel 是 Ms Office 大家族的一员，它的工作界面布局与 Word 的工作界面布局相类似。如图 7-3 所示。

Excel 共有 8 个选项卡，分别是文件、开始、插入、页面设置、公式、数据、审阅和视图，每个选项卡又包括若干个分组，分组中包含若干命令。其布局与 Word 类似，这里只介绍工作表编辑区的内容。

1. 工作表的行和列

Excel 的主战场是工作表区。工作表由众多的行和列组成。行用阿拉伯数字标识，比如 1 行，2 行，……；列用大写英文字母标识，比如 A 列，B 列，……。

Excel 工作表共支持 1 048 576 行，16 384 列，是一个相当大的表格网。

拖动两列标识之间的间隙，可以改变列宽；拖动行标识之间的间隙，可以改变行高。

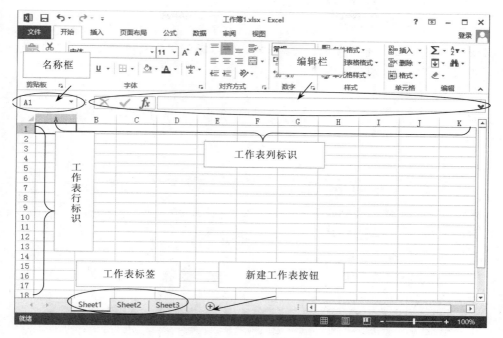

图 7-3　Excel 工作界面

2．单元格

行与列的交叉处称为单元格。单元格也是有标识的，比如第 D 列与第 2 行交叉处的单元格的标识为 D2 单元格。

3．工作表标签

每一张工作表都有一个标签。标签上写有工作表的名字。当右击工作表标签时，出现一个快捷菜单，通过这些菜单项，可以管理工作表，比如复制工作表、删除工作表、重命名工作表、移动工作表等。

4．新建工作表按钮

一个工作簿文件可以有多张工作表。Office 2013 版默认是 1 张工作表。最多工作表数受计算机内存限制。单击【新建工作表】命令可以快速地插入一张新的工作表。

5．名称框和编辑栏

名称框，显示当前选定的单元格的名称。编辑栏显示的是选定的单元格的数据或者公式，在输入和编辑公式时非常有用。

7.5　操作过程

7.5.1　打开素材文件

在素材文件夹中打开案例七的素材文件"学生基本情况表（素材）"，并以"学生基本情况表.xlsx"为名保存到"我的作品"文件夹中。

7.5.2　数字数据的输入

在 Sheet1 工作表中输入数据，只要求输入前 3 条记录。具体信息见图 7-2。这里主要是学习数字类型数据的录入方法。

1．输入列标题

选定 A1 单元格，输入"序号"，选定 A2 单元格，输入"学号"，依此类推输入各列标题。

ℹ️ **提个醒**

1．横向定位单元格位置操作

按制表键 Tab 键可以横向定位到下一个单元格，比如当前单元格是 A2，则按制表键 Tab 键将定位到 A3 单元格。

2．纵向定位单元格位置操作

按回车键，将纵向定位单元格，比如现在选定单元格 A1，按回车键将定位到 A2 单元格。

按键盘的方向键可以上下左右定位单元格。

2．"序号"列数据的输入

"序号"列数据为"001，002，003"，都是阿拉伯数字，如果直接输入，数字前面的 00 将自动丢失，比如在 A2 单元格中输入 001，显示的是 1。如何才能输入 001，显示的也是 001 呢？

操作步骤如图 7-4 所示。

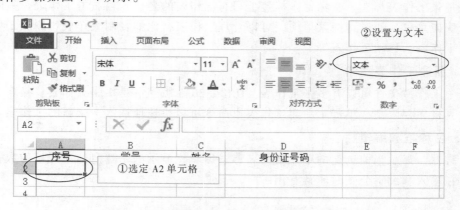

图 7-4　设置单元格为文本格式操作示意图

（1）选定 A2 单元格。

（2）切换到【开始】选项卡，在【数字】分组中，单击【数字格式】下拉列表框右侧的三角按钮，在下拉的菜单中选择【文本】格式，将 A2 设置为文本格式。

（3）在 A2 单元格中输入 001，则显示的也是 001。因为在文本单元格中数字当作文本来处理，输入的内容与显示的内容完全一致。

提个醒

首先输入一个英文标点状态下的单引号，然后输入 001，也会显示为"001"。

选定整个 A 列，然后将 A 列所有单元格都设置为文本格式，就不用一个个单元格去设置了。

3."学号"列数据的输入

学号是 12 位数的数字，B2 单元格的数字格式为"常规"，如果直接输入，显示的形式将为科学记数法方式。比如在 B2 单元格中输入 160310601001，将显示为 1.60311E+11，不是想要的结果。将其设置为数字格式的操作示意图如图 7-5 和图 7-6 所示。

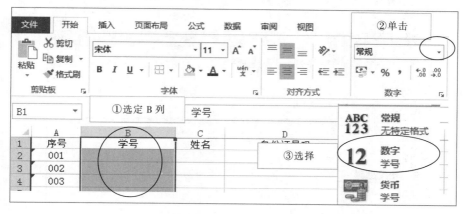

图 7-5　设置单元格为数字格式操作示意图

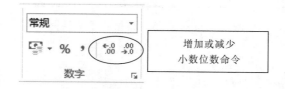

图 7-6　增加和减少小数位数命令

（1）选定整个 B 列，单击列标记可以选定整列。

（2）切换到【开始】选项卡，在【数字】分组中，单击【数字格式】下拉列表框，选择【数字】格式，可将 B 列中输入的数字设置为数值格式。

（3）在 B2 单元格中输入 160310601001，数据显示也为 160310601001.00。因为第（2）步的设置，系统默认为保留 2 位小数。

（4）选定 B 列，单击【开始】选项卡中【数字】分组的【减少小数位数】命令 ，设置 B 列所有单元格的小数位数为 0 位。

提个醒

也可以将 B 列设置为文本格式再输入数据。因为在文本单元格中数字当作文本来处理，输入的内容与显示的内容完全一致。

4."身份证号码"列数据的输入

（1）选定 D 列数据。

（2）切换到【开始】选项卡，在【数字】分组中，单击右下角的【功能扩展】按钮，打开【设置单元格格式】对话框，如图 7-7 所示。

（3）在【设置单元格格式】对话框的【数字】选项卡中选择【分类】为"文本"。

（4）输入身份证号码。

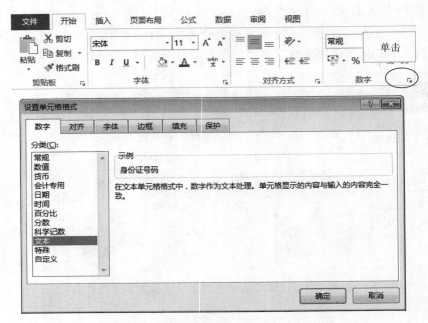

图 7-7 【设置单元格格式】对话框

提个醒

当然，也可使用以上介绍的设置序号列的方法，将身份证号码列设置为文本。

注意：不能将"身份证号码"列设置为小数位数为 0 的数值型数据。

因为 Excel 只能处理和显示 15 位数数值，当输入的数据大于 15 位时，15 位以后的数字将置为 0，即当输入 110101200001051054 时，会显示 110101200001051000（末三位为 0）。

相关知识

1. 数值与日期的关系

日期格式与数值格式存在一种对应关系（见表 7-1）。换句话说，日期型数据就是一种特殊的数值。

Excel 规定日期格式"1900/1/1"与数值格式"1"对应，"1900/1/2"与"2"对应，依此类推。

表 7-1 日期格式与数值格式对应关系

日期格式	数值格式	说　　明
1900/1/1	1	
1900/1/2	2	日期格式对应的数值称为日期的序列数
……	……	
2018/1/1	43101	

（1）当单元格格式设置为"常规"时，输入 1，将显示为 1，当输入 1900/1/1 时，显示为"1900/1/1"，输入 2018/1/1，将显示为"2018/1/1"。

（2）当单元格格式设置为"数值"型数据时，输入 1，将显示为 1，当输入"1900/1/1"时，显示为"1"，输入 2018/1/1，将显示为 43101。

（3）当单元格格式设置为"日期"型数据时，输入 1，将显示为 1900/1/1，输入 43101，显示为 2018/1/1。

这些都是需要注意的。

2．数字格式

当单元格中输入的数据是由纯数字组成时，由于数字格式的不同，将有不同的显示方式。表 7-2 是常见的数字格式的说明。

表 7-2 常见的数字格式说明

类型	特　　点	示例或说明
常规	这是 Excel 的默认数字格式。它无特定的显示格式	① 输入 123，显示为 123。 ② 输入 001，显示为 1。 ③ 输入 123456789125，显示为 1.23457E+11
数值	用于数字的一般表示，可以指定小数位数、是否使用千位分隔符以及如何显示负数等	
货币	用于一般货币值并显示带有数字的默认货币符号。可以指定小数位数、是否使用千位分隔符以及如何显示负数等	输入 123，显示为￥123.00
会计专用	也用于货币值，但是它会在一列中对齐货币符号和数字的小数点	与货币格式相似，但一列数据中，货币符号，小数点会对齐
日期	根据您指定的类型和区域设置（国家/地区），将日期和时间序列号显示为日期值。 形如 2018 年 10 月 1 日称为长日期格式，形如 2018/10/1 日称为短日期格式	输入 2018/2/3，可以显示为多种类型： ① 2018/2/3 ② 2018 年 2 月 3 日 ③ 二〇一八年二月三日 至于显示为哪种形式，用户可以进行设置
时间	根据您指定的类型和区域设置（国家/地区），将日期和时间序列号显示为时间值	输入 15:35:18，可以显示为多种形式，例如： ① 下午 3 时 35 分 ② 15:35:18 ③ 15 时 35 分 18 秒 至于显示为哪种形式，用户可以进行设置

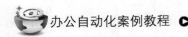
类型	特　点	示例或说明
百分比	将单元格值乘以 100，并用百分号（%）显示结果。您可以设置小数位数	输入 5；显示为 500%
分数	根据所指定的分数类型以分数形式显示数字	输入前，要将单元格设置为分数格式，否则不能显示为分数
科学记数	以指数表示法显示数字	输入 123，显示为 1.23E+02 1.23E+02 的含义是 1.23×10^2
文本	将单元格的内容视为文本，并在输入时准确显示内容，即使输入数字也是如此	输入的数字原样显示出来。 ① 输入 001，显示为 001。 ② 输入=sum（A1：A10）显示为=sum（A1：A10）。 注意：在文本单元格中输入公式无效
特殊	将数字显示为邮政编码、电话号码或社会保险号码	
自定义	允许修改现有数字格式代码的副本。使用此格式可以创建自定义数字格式并将其添加到数字格式代码的列表中	

7.5.3　序列填充操作

在 Sheet2 工作表中，利用 Excel 的序列填充功能完成"序号"和"学号"列数据的录入。序号的序列为"001，002，……"。学号的序列为"160310601001，160310601002，160310601003，……"。

1．"序号"列的序列填充

（1）选定单元格 A2，在 A2 单元格的右下角会出现一个小点，称为"填充柄"；

（2）将鼠标指针指到 A2 单元格右下角的填充柄上，鼠标指针由空心"✚"字变成实心"＋"时，按住鼠标左键向下拖动填充柄，则其他行的序号数字会自动填充。序号从上到下分别为"001，002，003，……"，如图 7-8 所示。

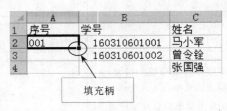

图 7-8　填充柄示意图

2．"学号"列的填充

"学号"列（B 列）的数据格式为数值型数据，所以不能像"序号"列一样，只选一个数进行填充了，要选定 2 个单元格进行填充操作，如图 7-9 所示。

（1）同时选定 B2、B3 单元格区域。

（2）将鼠标指针指到选定的单元格区域右下角的填充柄上，鼠标指针由空心"✚"

字变成实心"＋"时，按住鼠标左键向下拖动填充柄，则其他行的学号数字会自动填充。学号从上到下分别为"160310601001，160310601002，160310601003，……"。

图 7-9 同时选定 B2、B3 单元格示意图

7.5.4 "性别""出生日期"和"年龄"列的输入

本节涉及公式和函数的知识，是本案例的难点。函数的语法和功能主要结合本案例进行讲解。

用公式或函数完成性别、出生日期、年龄的输入。年龄按周岁计算，满 12 个月才计 1 岁。

公民身份证号码中包含该公民的出生日期和性别的信息，第 17 位为偶数的是女性公民，为奇数的是男性公民，第 7 位到 14 位是出生日期信息。已知出生日期和当前日期，可以计算出年龄。

1."性别"列数据的输入

（1）选定 F2 单元格，在编辑栏中输入公式：=IF(ISODD(MID(D2,17,1)),"男","女")，如图 7-10 所示。

（2）公式编辑正确后，按 Enter 键或单击编辑栏左侧的"对勾"命令✔。

图 7-10 在编辑栏中输入计算性别的公式

（3）选定 F2 单元格，将鼠标指针指到 F2 单元格右下角的填充柄上，当鼠标指针由空心"✛"字变成实心"＋"时，按住鼠标左键向下拖动填充柄至最后一行，则每个学生的性别将复制填充完成。

提个醒

双击 F2 单元格右下角的填充柄也能完成公式的向下填充。

相关知识

1. 公式

公式是执行计算的式子。公式始终以等号（=）开头。比如=A1+B2，表示计算 A1+B2，执行时会将 A1 单元格的值与 B2 单元格的值进行相加。

2．函数

函数是预定义的公式。函数可用于执行简单或复杂的计算。

下面以 MID()函数为例，讲解函数的结构，如图 7-11 所示。

图 7-11　函数结构示意图

函数的结构以等号（=）开始，后面紧跟函数名称和左括号，然后输入该函数的参数。如果有多项参数，参数之间用英文标点的逗号分隔，最后是右括号。

3．IF(ISODD(MID(D2,17,1)),"男","女")公式解释

这个公式较为复杂，它由三个函数嵌套而成，要理解它就要分别理解各个函数的语法和功能，下面一一进行讲解。

（1）函数 MID(D2,17,1)的含义。

在本案例中，MID(D2,17,1)的含义是从 D2 单元格的字符串（身份证号码）中截取一子串，截取位置从 17 位开始，共截取 1 个字符。D2 的值为 110101200001051054，第 17 位是 5，故 MID(D2,17,1)的函数值为"5"。

（2）函数 ISODD()的语法和功能。

语法：ISODD(number)，它有一个参数 number。

功能：如果参数 number 为奇数，返回 TRUE，否则返回 FALSE。

例 1：公式=ISODD(5)检查 5 是否是奇数，结果为 TRUE。

例 2：公式=ISODD(8)检查 8 是否为奇数，结果为 FALSE。

（3）函数 IF()的语法和功能。

语法：IF(条件，结果 1，结果 2)。函数中有三个参数，第一个参数是条件，第二个参数是"结果 1"，第三个参数是"结果 2"。

功能：如果条件为真，函数值为"结果 1"，如果条件为假，函数值为"结果 2"。IF()函数的运算流程如图 7-12 所示。

例 1：如果 A1=5，则函数=IF(A1<0,"上海","北京")返回的值是"北京"。因为条件 A1<0 为假，所以函数返回第三个参数的值（结果 2）"北京"。

（4）IF(ISODD(MID(D2,17,1)),"男","女")运算过程。

这是一个 3 层嵌套函数，运算时从内层到外层逐层运算。D2 为 110101200001051054，

①　计算函数 MID(D2,17,1)。根据前面分析，函数 MID(D2,17,1)的值为 5。这时原函数变为 IF(ISODD(5), "男","女")。

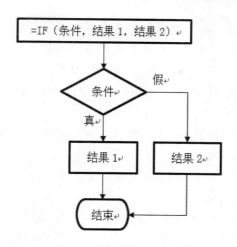

图 7-12　IF()函数功能框图

② 计算函数 ISODD(5)。根据前面分析，函数 ISODD(5) 的函数值为 TRUE，这时原函数变为 IF(TRUE, "男","女")。

③ 计算函数 IF(TRUE, "男";"女") 的值。因为第一个参数为真，所以函数值为"男"。

2．"出生日期"列的输入

公民身份证号码中从第 7 位到 14 位是出生年月的信息，可以使用函数 MID() 分别截取年、月、日的数字信息。操作方法如下：

（1）选定 G2 单元格。

（2）在编辑栏中输入"=DATE(MID(D2,7,4),MID(D2,11,2),MID(D2,13,2))"，按回车键或单击编辑栏的对勾✔，如图 7-13 所示。

（3）向下拖动单元格 G2 右下角的填充柄可以得到其他学生的出生日期。

G2	▼	:	✕ ✓	*fx*	=DATE(MID(D2,7,4),MID(D2,11,2),MID(D2,13,2))		
	A	B	C	D	E	F	G
1	序号	学号	姓名	身份证号码	民族	性别	出生日期
2	001	160310601001	马小军	110101200001051054	壮族	男	2000/1/5
3	002	160310601002	曾令铨	110102199812191513	壮族	男	
4	003	160310601003	张国强	110102199903292713	壮族	男	

图 7-13　在编辑栏中输入计算出生日期的公式

相关知识

1．函数 DATE() 的语法和功能

语法：DATE(year, month, day)。

功能：返回由 year 表示年，month 表示月，day 表示日期的序列。

比如公式 =DATE(2000,1,10) 的结果为 2000/1/10。

注意：① 如果在输入该函数之前单元格格式设置为"常规"或"日期型"格式，则函数返回的值是一个日期型格式。

② 如果在输入该函数之前单元格格式设置为"数值"格式，则函数返回的值是一

个数值（称为日期系列数）。比如 DATE(2000,1,10)显示为 36535。

③ 如果结果显示为一个数值，则只要选定这个单元格，将其格式更改为日期型数据格式，就可以将这个数值改为日期格式"2000/1/10"。

2．函数=DATE(MID(D2,7,4)，MID(D2,11,2)，MID(D2,13,2))的解释

（1）求 MID(D2,7,4)的值。

截取身份证号码 D2 的第 7、8、9、10 位数据，结果为"2000"。

（2）求 MID(D2,11,2)的值。

截取身份证号码 D2 的第 11、12 位数据，结果为"01"。

（3）求 MID(D2,13,2)的值。

截取身份证号码 D2 的第 13、14 位数据，结果为"05"。

（4）求=DATE(MID(D2,7,4)，MID(D2,11,2)，MID(D2,13,2))的值。

原式=DATE(2000,01,05)=2000/01/05。

注意：公式中出现的英文字母是不区分大小写的，也就是大写字母与小写字母的作用是一样的。

3．"年龄"列数据的输入

用当前日期（就是今天的日期）减去出生日期可以得到从出生日期到现在间隔的天数，再除以 365 可以得到年龄。因为年龄按周岁计算，满 1 年才计 1 岁，所有还要截取所得年龄的整数部分。

操作方法如下：

（1）选定 H2 单元格（注意：请将 H2 单元格设置为数值型数据或常规，千万不能设置为日期型输入，否则，年龄会显示为一个日期型数据）。

（2）在编辑栏中输入公式"=INT((TODAY()-G2)/365)"，按回车键或单击编辑栏的对勾✔，如图 7-14 所示。

（3）向下拖动单元格 G2 右下角的填充柄可以得到其他学生的年龄。

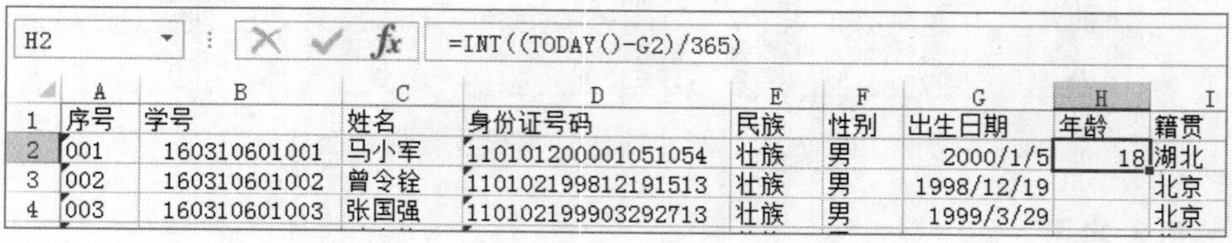

H2			✗ ✓ fx	=INT((TODAY()-G2)/365)				
	A	B	C	D	E	F	G	H	I
1	序号	学号	姓名	身份证号码	民族	性别	出生日期	年龄	籍贯
2	001	160310601001	马小军	110101200001051054	壮族	男	2000/1/5	18	湖北
3	002	160310601002	曾令铨	110102199812191513	壮族	男	1998/12/19		北京
4	003	160310601003	张国强	110102199903292713	壮族	男	1999/3/29		北京

图 7-14　在编辑栏中输入计算年龄的公式

相关知识

1．函数 TODAY()的语法和功能

语法：TODAY()

注意：这个函数没有参数，但是括号不能省。

功能：返回当前日期的序列号。

当前日期是指本计算机的时间系统所指定的日期。

例如：今天是2018/1/1，则函数TODAY()的返回值就是"2018/1/1"。

2．函数INT()的语法和功能

语法：INT(number)

功能：将数字向下含入到最接近的整数。

例1，=INT(8.9)将8.9向下含入到最接近的整数"8"。

向下含入的含义是得到的整数"8"不大于参数"8.9"（8<=8.9）的最大整数。对于正数来说相当于截取参数的整数部分。

例2，=INT(-8.9)将-8.9向下含入到最接近的整数"-9"。因为-9是不大于-8.9（-9<=-8.9）的最大整数。

例3，=8.9-INT（8.9）函数的运算结果是0.9，相当于截取参数的小数部分。

3．公式"=INT((TODAY()−G2)/365)"运算分析

以当前日期是2018/6/8为例进行分析，本例G2的值是2000/1/5。

（1）求TODAY()的值。

今天是2018/6/8，所以TODAY()的值为2018/6/8的序列数。

（2）求TODAY()-G2的值。

因为G2的值是2000/1/5，所以(TODAY()-G2)的值为两个日期间隔的天数是6729。

（3）求(TODAY()-G2)/365的值。

6729/365≈18.44，就是18周岁多一点。

（4）求INT(18.44)的值。

INT(18.44)=18。

7.5.5 美化表格

1．插入标题行

在Sheet2工作表的第一行前面插入一行，并在A1单元格中输入"学生基本情况表"。

（1）单击行标1，选定第一行。

（2）切换到【开始】选项卡，在【单元格】分组中单击【插入】命令，在弹出的菜单中选择【插入工作表行】，如图7-15所示。

图7-15 插入行操作示意图

（3）选定 A1 单元格，输入"学生基本情况表"。

2．合并单元格并设置单元格格式

（1）选定 A1:K1 单元格区域。

（2）切换到【开始】选项卡，在【对齐方式】分组中单击【合并后居中】命令，将单元格区域合并为一个单元格，如图 7-16 所示。

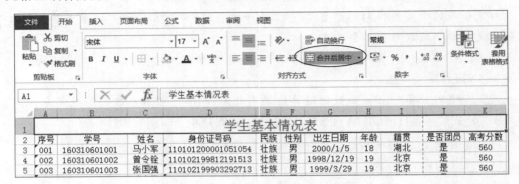

图 7-16　合并单元格操作示意图

（3）选定合并后的单元格 A1，在【开始】选项卡【字体】分组中按要求设置字体格式，将字体设置为宋体、17 磅，填充色为标准色"红色"。

3．给表格添加框线并设置单元格的对齐方式

给表格添加框线，设置所有单元格的对齐方式为居中对齐。操作方法如图 7-17 所示。

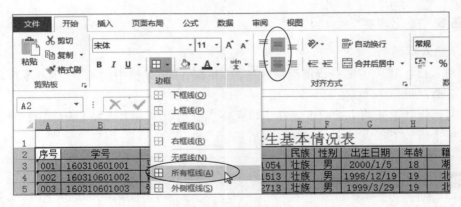

图 7-17　设置单元格框线操作示意图

（1）选定 A2:K57 单元格区域。

（2）切换到【开始】选项卡，在【字体】分组中单击【边框】工具右侧的倒三角按钮。

（3）在弹出的边框菜单中，单击【所有框线】，为选定区域设置框线。

（4）选定 A2:K57 单元格区域，在【开始】选项卡【对齐方式】分组中，单击【水平居中对齐】和【垂直居中对齐】，这样，选定区域的单元格对象就设置为居中对齐方式了。

相关知识

通过【设置单元格格式】对话框（见图 7-18），也可以给表格设置边框。

（1）在【设置单元格格式】对话框的【边框】选项卡中，选定一种线条样式。

（2）设置线条颜色。如果不设置，默认为黑色。

（3）单击【预置】选项或者单击预览草图边上的按钮可以添加边框。

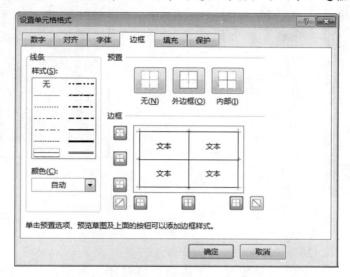

图 7-18 设置单元格格式对话框边框选项卡

7.4.6 工作表标签更名

将 Sheet2 工作表更名为"学生情况表"，如图 7-19 所示。

（1）右击工作表 Sheet2 的标签，弹出一个快捷菜单。

（2）在快捷菜单中单击【重命名】选项。

（3）在工作表标签处输入"学生情况表"。

7.4.7 打印设置

数据录入完毕且对表格进行了格式设置后，应该进行打印设置了。

首先进行打印预览，了解需要修改哪些打印设置。

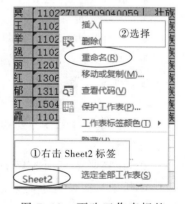

图 7-19 更改工作表标签

1．打印预览

切换到【文件】选项卡，在左侧菜单栏中单击【打印】选项。可以看到窗口界面分为三栏，左侧是菜单栏，中间是打印机设置栏，右侧是文档打印预览栏，如图 7-20 所示。

2．分析打印页面

通过打印预览可以了解当前页面情况。可以看到，用 A4 纸打印本文档共需要 4 页纸。目前每张纸不可打印所有列，翻看第 2 页，可以看到，没有打印标题行，没有设置页码。

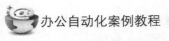

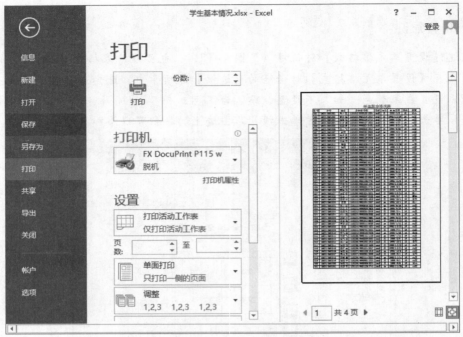

图 7-20　打印预览界面

我们修改的方案是：

- 调整各列的列宽，尽量使得一个版面可以打印所有列。
- 重新设置页边距，使一个版面可以打印更多的列。
- 如果调整列宽和重新设置页边距后一张纸仍然不能打印所有列，可以考虑将页面横向打印。
- 设置打印标题，使每一页都有标题行。
- 设置页码，更好地理顺装订顺序。

3．页面设置

（1）在【页边距】选项卡中设置。

① 首先适当调整各列的列宽，试一页纸能不能打印所有的列，如果不能请进入第二步设置。

② 切换到【页面布局】选项卡，单击【页面设置】分组右下角的【功能扩展】按钮，打开【页面设置】对话框。

③ 在【页边距】选项卡中，适当缩小左右边距（比如将左右边距设置为 1 厘米）。将居中方式设置为"水平"居中效果比较好，如图 7-21 所示。

ⓘ 提个醒

压缩版面的宽度一般需要先调整各列列宽，然后调整左右边距。如果相差太大，可以直接将纸张方向设置为横向。

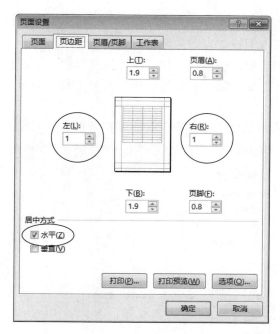

图 7-21 页边距设置

（2）在【页眉/页脚】选项卡中设置。

在【页眉/页脚】选项卡的【页脚】下拉文本框中选择一种页码格式，或者单击【自定义页脚】按钮，打开【页脚】对话框，自定义页码格式，我们选择后者，如图 7-22 所示。

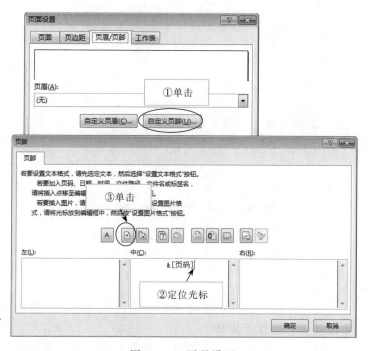

图 7-22 页码设置

（3）在【工作表】选项卡中设置。

在【工作表】选项卡中设置顶端标题行，如图7-23所示。

在【工作表】选项卡中，将插入点定位在【顶端标题行】右侧的文本框中，单击工作表行标记2，将自动输入$2:$2，表示将工作表的第2行作为标题行，重复打印到每一页中。

重新进行打印预览，如果还有不满意的地方，可重复以上操作，重新设置。

图7-23　打印标题设置

提个醒

以上设置是在【页面设置】对话框中进行的，读者也可以直接在【页面布局】选项卡【页面设置】分组功能区中利用所给的命令进行操作，如图7-24所示。

图7-24　【页面设置】分组

4．打印设置

打印设置与页面设置不同，打印设置是对打印机进行设置，比如设置打印份数、打印页码范围、打印区域等。操作步骤如下：

（1）将插入点定位到"学生情况表"中任一个单元格，使"学生情况表"为活动工作表。

（2）切换到【文件】选项卡，选择【打印】菜单项，中间一栏就是打印属性设置栏（如图 7-25 所示）。

图 7-25　打印设置

（3）在【打印】区中设置，比如在打印【份数】文本框中输入 3，将打印 3 份。

（4）在【设置】区中，如果设置打印范围是【打印活动工作表】，将只打印活动工作表，如果在【页数】文本框中输入 1 至 2，表示打印第 1 至第 2 页。

其余选项，请读者自行设置。这些功能也是很好理解的，在下面相关知识中会详细讲解。

相关知识

下面讲解打印属性设置的功能（从上到下讲解）。

1．打印份数

打印份数设置。在打印属性栏上方，输入或单击微调按钮设置打印份数。

2．打印机的选择

设置打印机。有的计算机连接有若干台打印机，可以单击选择一台打印机来打印文档。

3. 打印设置

（1）打印范围，共有三个选项：

① 打印活动工作表（仅打印活动工作表），Excel 文档通常由若干张工作表组成，选择这个选项，就只打印活动工作表。活动工作表指插入点所在的工作表。

② 打印整个工作簿，如果选择这个选项，将把整个工作簿的所有工作表都打印。

③ 打印选择区域，就是只打印当前选定的区域。比如选择 Sheet2 工作表的 A1:F5 单元格区域，则只打印这部分区域。

（2）打印页码范围。输入或者通过微调按钮设置页码的打印范围。

（3）打印顺序。如果打印的份数是两份以上（以打印 3 份为例），打印顺序可以有两种方式进行，一种是按页码顺序打印，按 1、1、1、2、2、2、3、3、3 打印。另一种是按份数打印，按 1、2、3、1、2、3、1、2、3 打印。

（4）打印方向。分为横向与纵向两个方向，与页面设置效果相同。

（5）纸张大小设置。

（6）页边距设置。（4）（5）（6）通常在页面设置中设置。

（7）缩放调整打印。这个选项有时是很有用的。它共有四个选项，下面分别讲解。

① 无缩放，选这个选项，打印时将按照实际大小进行打印。

② 将工作表调整为一页。将工作表中所有内容都缩小到一页纸打印。你会发现，字体将会缩小。工作表的列数越多或者记录（行）越多，字体缩小越厉害。如果工作表的行数不多，在无缩放时只是超出一页纸的两三行，用这个选项是一个很好的选择。

③ 将所有列调整为一页。此项与②类似，只是它只调整列这个方向。

④ 将所有行调整为一页。此项与②类似，只是它只调整行这个方向。

7.6 实训操作

实训 1 制作销售订单明细表

设计销售订单明细表，并录入数据。设计效果如图 7-26 所示。

订单编号	日期	书店名称	图书编号	图书名称	单价	销量（本）	小计
				销售订单明细表			
BTW-08001	2011年1月2日	鼎盛书店	BK-83021	《计算机基础及MS Office应用》	￥ 36.00	12	￥ 432.00
BTW-08002	2011年1月4日	博达书店	BK-83033	《嵌入式系统开发技术》	￥ 44.00	5	￥ 220.00
BTW-08003	2011年1月4日	博达书店	BK-83034	《操作系统原理》	￥ 39.00	41	￥ 1,599.00
BTW-08004	2011年1月5日	博达书店	BK-83027	《MySQL数据库程序设计》	￥ 40.00	21	￥ 840.00
BTW-08005	2011年1月5日	鼎盛书店	BK-83028	《MS Office高级应用》	￥ 39.00	32	￥ 1,248.00
BTW-08006	2011年1月9日	鼎盛书店	BK-83029	《网络技术》	￥ 43.00	3	￥ 129.00
BTW-08007	2011年1月9日	博达书店	BK-83030	《数据库技术》	￥ 41.00	1	￥ 41.00
BTW-08008	2011年1月10日	鼎盛书店	BK-83031	《软件测试技术》	￥ 36.00	3	￥ 108.00
BTW-08009	2011年1月10日	博达书店	BK-83035	《计算机组成与接口》	￥ 40.00	43	￥ 1,720.00
BTW-08010	2011年1月11日	隆华书店	BK-83022	《计算机基础及Photoshop应用》	￥ 34.00	22	￥ 748.00
BTW-08011	2011年1月11日	鼎盛书店	BK-83023	《C语言程序设计》	￥ 42.00	31	￥ 1,302.00
BTW-08012	2011年1月12日	隆华书店	BK-83032	《信息安全技术》	￥ 39.00	19	￥ 741.00
BTW-08013	2011年1月12日	鼎盛书店	BK-83036	《数据库原理》	￥ 37.00	43	￥ 1,591.00
BTW-08014	2011年1月13日	隆华书店	BK-83024	《VB语言程序设计》	￥ 38.00	39	￥ 1,482.00
BTW-08015	2011年1月15日	鼎盛书店	BK-83025	《Java语言程序设计》	￥ 39.00	30	￥ 1,170.00
BTW-08016	2011年1月16日	鼎盛书店	BK-83026	《Access数据库程序设计》	￥ 41.00	43	￥ 1,763.00

图 7-26 实训 1 效果

操作要求：

（1）打开"素材/案例七/实训 1/订单明细（素材）.xlsx"，并将文档另存到"我的作品/案例七/实训 1"中，将文件名改为"订单明细.xlsx"。

（2）合并单元格区域 A1:H1，将标题文字设置为宋体，16 磅，居中。

（3）列标题字体为宋体，11 磅，加粗。

（4）"订单编号"列数据，输入第一个数据后采用填充柄序列填充方式完成其他数据的输入。

（5）"书店名称"列数据采用数据验证功能操作。事先定义"书店名称"序列，采用下拉列表框的值进行选择输入。书店名称有三种，分别是隆华书店、博达书店和鼎盛书店。

（6）小计数据通过公式计算完成。

（7）"单价"和"小计"列数据格式设置为会计专业格式。

（8）为表格套用"表样式浅色 16"样式。

操作提示：

1．"日期"列数据的输入

"日期"列的输入可以按照短日期格式输入，然后再将日期列单元格的格式设置为长日期格式。

注意：短日期格式如"2018/2/1"，长日期格式如"2018 年 2 月 1 日"。

2．"书店名称"列数据的输入

本案例的书店名称共有三种，种类不多，采用数据验证格式输入较为方便，可以减少输入错误。

操作方法如图 7-27 和图 7-28 所示。

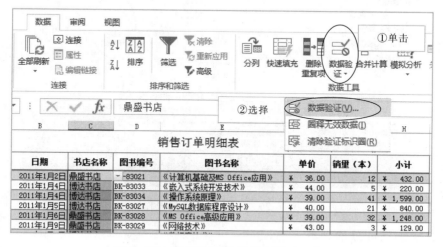

图 7-27 数据验证操作示意图（一）

（1）选定单元格区域 C3:C18。

（2）切换到【数据】选项卡，在【数据工具】分组中单击【数据验证】命令下方的三角按钮，弹出快捷菜单，选择【数据验证】选项。

（3）在弹出的【数据验证】对话框中，【验证条件】选择【序列】，在【来源】中输入"鼎盛书店，隆华书店，博达书店"。注意，书店名称之间的分隔符逗号为英文标点的逗号。因为是只练习操作，各记录的书店名称任意使用一种书店名称即可。

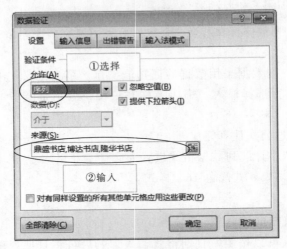

图 7-28　数据验证操作示意图（二）

3．表格样式的套用

（1）选定单元格区域 A2:H18，选定时不要选定表格标题"销售订单明细表"。

（2）切换到【开始】选项卡，在【样式】分组中单击【套用表格格式】命令下方的三角按钮，在弹出的样式列表中选择【表样式浅色 16】样式，如图 7-29 所示。

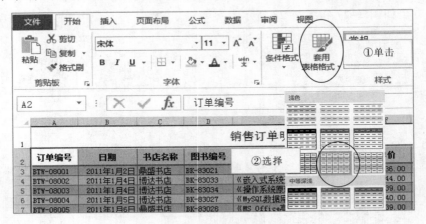

图 7-29　套用表格样式操作

4．关于小计部分的计算

小计的计算公式为"单价*销量"。若将表格套用样式后再计算，公式显示为"=[@销量（本）]*[@单价]"。这是因为，套用表格样式之后，Excel 赋予表格更多的名称概念。公式中的@表示"相对于"，例如，为 H3 单元格计算小计，则"@销量（本）"表示引用销量（本）这一列的第 3 行数据，就是 G3 单元格的值。

实训 2　表格打印设置

打开"素材/案例七/实训 2/2012 级法律专业（素材）"文件，然后对工作表进行编辑，使工作表能按要求打印出来。实训 2 效果如图 7-30 所示。

2012级法律专业学生期末成绩分析表

班级	学号	姓名	英语	体育	计算机	近代史	法制史	刑法	民法	法律英语	立法法	总分	平均分	年级排名
法律一班	1201001	潘志阳	76	83	77	76	88	77	80	84	89	728	81	77
法律一班	1201002	蒋文奇	69	89	79	70	94	87	83	82	89	739	82	64
法律一班	1201003	苗超鹏	73	90	84	73	88	77	83	87	88	743	83	57
法律一班	1201004	阮军胜	81	89	73	71	89	80	87	90	87	747	83	50
法律一班	1201005	邢尧磊	79	96	67	67	85	77	81	84	89	723	80	84
法律一班	1201006	于圣斌	77	90	79	80	84	82	80	83	87	741	82	61
法律一班	1201007	焦宝亮	83	88	80	81	93	85	83	82	87	763	85	31
法律一班	1201008	翁建民	80	80	77	74	92	70	83	84	91	731	81	75
法律一班	1201009	张志权	77	89	72	72	86	72	80	77	90	714	79	93
法律一班	1201010	李帅帅	82	80	68	80	83	79	76	81	88	715	79	91
法律一班	1201011	王帅	68	70	84	77	84	68	80	77	89	696	77	96
法律一班	1201012	乔泽宇	86	84	91	81	87	83	87	85	92	775	86	16
法律一班	1201013	钱超群	75	86	89	72	89	77	78	88	86	740	82	63
法律一班	1201014	陈称章	76	53	77	74	87	75	83	73	88	687	76	97
法律一班	1201023	郭梦月	82	91	79	84	86	79	81	89	88	759	84	34
法律一班	1201024	于慧霞	78	91	71	76	91	81	80	89	89	748	83	49
法律一班	1201025	高琳	91	91	80	85	89	84	83	92	89	784	87	11
法律二班	1202001	朱朝阳	84	94	66	80	89	80	78	86	86	742	82	60
法律二班	1202002	秦欣	88	90	93	88	92	90	90	82	88	801	89	4
法律二班	1202003	李靖	89	87	84	76	85	81	83	86	89	758	84	35

1

图 7-30　实训 2 效果截图

操作要求：

（1）打开"素材/案例七/实训 2/2012 级法律专业成绩表（素材）.xlsx"，然后将文件另存到"我的作品/案例七/实训 2"文件夹中，并将文件名改为"2012 级法律专业成绩表.xlsx"。

（2）本工作表的列数比较多，将纸张方向设置为横向。

（3）适当调整各列的列宽，缩小左右边距，必要时将列标题行设置为自动换行方式，这样可以更好地缩小列宽。例如图 7-30 中所示的"法律英语"和"年级排名"。

（4）由于本工作表记录比较多，需要几张纸打印，为此要设置打印标题行，使每一张纸的第一行都是列标题。页脚的中间要设置页码。

操作提示：

有些列的数据宽度并不大，但是列标题的文字比较多，若压缩其列宽，将使列标题的文字不可见。为此，将列标题的单元格格式设置为"自动换行"方式，可以解决这个问题。比如本实训的"法律英语"列，将列标题"法律英语"单元格设置为"自动换行"方式，可以将"法律英语"四个字压缩成两行显示，但在操作时需要适当调整行高。

设置列标题行单元格的自动换行方式的操作方法如下：

（1）选定列标题。

（2）切换到【开始】选项卡，在【对齐方式】分组中单击【自动换行】命令。

（3）将指针指向列标签中两列分隔线处，当指针变为 ✚ 形状时，拖动鼠标可以扩大或缩小列宽。比如将指针移动到第 K 列和第 L 列之间，缩小"法律英语"列的列宽。将"法律英语"四个字分两行显示，必要时适当调整行高，如图 7-31 所示。

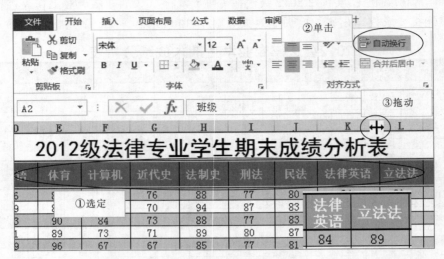

图 7-31　自动换行操作

>>> 制作期考试卷数据分析表

Excel 具有很好的数据计算和数据分析功能。我们可以利用它对学生成绩进行质量分析，评估教学效果，从而改进教师的教学计划。

知识目标

(1) 掌握 VLOOKUP()函数的功能和使用方法。

(2) 掌握 SUM()函数的功能和使用方法。

(3) 掌握 AVERAGEIFS()函数的功能和使用方法。

(4) 掌握 COUNTIFS()函数的功能和使用方法。

(5) 掌握 RANK()函数的功能和使用方法。

(6) 掌握文本连接运算符"&"的使用方法。

(7) 掌握相对引用、绝对引用、混合引用的概念和使用方法。

能力目标

能够利用函数对学生成绩表进行质量分析。

8.1 案例情境

期末考试了，教师们都忙于改卷登分，并对学生考试成绩进行质量分析。学院分管教学的领导自然不会忘记秘书小李，并交给他一个光荣的任务，统计全学院"计算机文化基础"课程期考成绩，并进行质量分析。小李愉快地接受任务，不到半天的时间就完成了任务，效率非常高。

8.2 案例分析

案例效果缩列图如图 8-1 和图 8-2 所示。

（1）成绩表结构。学生成绩表的表结构设计为姓名、学号、专业名称、班别、计算机试卷各大题名称、总分、年级排名和总评。

（2）学生学号中包含有专业、班别的信息，所以专业、班别两列的数据可以使用公式计算出来，提高录入效率。

（3）正确使用公式或函数计算得出质量分析表所需的数据。

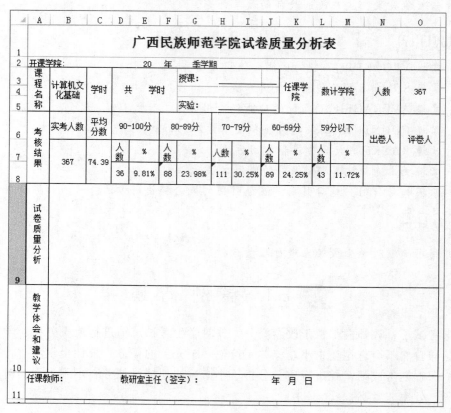

数计学院17级计算机期考成绩表

姓名	学号	专业名称	班别	选择题	打字题	操作系统	网络题	字处理	电子表格	演示文稿	总分	年级排名	总评
李欣	170400101001	数学教育（专）	数教（专）171班	16.0	10.0	10.0	10.0	19.2	20.0	9.4	94.6	第18名	优秀
黄继军	170400101002	数学教育（专）	数教（专）171班	20.0	9.4	10.0	10.0	19.2	20.0	10.0	98.6	第2名	优秀
何训	170400101003	数学教育（专）	数教（专）171班	17.0	6.7	10.0	8.3	19.2	20.0	10.0	91.2	第32名	优秀
黎耀文	170400101004	数学教育（专）	数教（专）171班	18.0	7.0	10.0	10.0	15.4	7.3	90.0	87.7	第53名	良好
覃海川	170400101005	数学教育（专）	数教（专）171班	18.0	10.0	10.0	10.0	18.1	18.9	90.0	第36名	优秀
刘肖华	170400101006	数学教育（专）	数教（专）171班	18.0	10.0	10.0	10.0	19.2	20.0	7.3	94.5	第19名	优秀
符朱姓	170400101007	数学教育（专）	数教（专）171班	19.0	8.6	10.0	10.0	17.5	17.5	9.2	91.8	第28名	优秀
黎深妮	170400101008	数学教育（专）	数教（专）171班	19.0	10.0	10.0	10.0	18.3	20.0	10.0	97.3	第6名	优秀
梁丽敏	170400101009	数学教育（专）	数教（专）171班	19.0	8.4	10.0	10.0	20.0	16.7	7.7	91.8	第27名	优秀
林治官	170400101010	数学教育（专）	数教（专）171班	19.0	9.1	10.0	10.0	20.0	20.0	10.0	98.1	第4名	优秀

图 8-1　案例八效果缩列图（一）

图 8-2　案例八效果缩列图（二）

8.3　操 作 要 求

（1）打开"素材/案例八/17级学生计算机基础期考成绩（素材）"文件，并将文件另存为"17级学生计算机基础期考成绩.xlsx"，保存在"我的作品/案例八"文件夹中。

（2）将"17级计算机期考成绩"表中各大题分数与总分数据所在列数据格式设置为数值型，保留1位小数格式。

（3）完成"专业名称""班别""总分"和"年级排名"列数据的填写。

（4）计算工作表"数计学院全院计算机基础质量分析"中的各项指标。

8.4 操 作 过 程

8.4.1 设置单元格格式

这里主要将工作表"17级计算机期考成绩"中的各大题分数与总分数据所在列数据类型设置为数值型数据，并保留1位小数。

（1）选择 E2:L368 单元格区域。

（2）切换到【开始】选项卡，在【数字】分组中单击右下角的【功能扩展】按钮，打开【设置单元格格式】对话框。

（3）在【数字】选项卡中进行设置。【分类】列表框中选择"数值"，【小数位数】设置为1位，如图8-3所示。

（4）单击【确定】按钮完成设置。

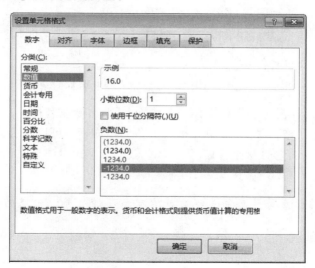

图 8-3 【设置单元格格式】对话框

8.4.2 完成工作表中数据的录入

素材文件中已经录入了姓名、学号以及各大题的分数，请利用函数完成专业名称，班别、总分、年级排名和总评的录入。

在以下讲解中所涉及的函数的语法和功能、公式的解释等知识将在对应的"相关知识"中叙述。

1."专业名称"列数据的录入

学号中包含专业信息，其第5到第7位是专业代码。比如学号的第5到第7位是"001"，表示"数学教育（专）"，是"101"表示"数学教育（本）"。

专业的代码表记录在工作表"专业对照表"中，如图8-4所示。

编号	专业	专业简称
001	数学教育（专）	数教（专）
101	数学教育(本)	数教（本）
105	计算机科学技术	计本
107	信息与计算科学	信本
111	网络工程	网本

图 8-4　编号与专业对照表

使用 VLOOKUP()函数可以完成“专业名称”数据的录入。操作方法如下：

（1）选定单元格 C2。

（2）在【编辑栏】中输入函数公式：

=VLOOKUP(MID(B2,5,3),专业对照表!$A$1:$C$6,2,0)，如图 8-5 所示。

AVERAGE　✕ ✓ fx　=VLOOKUP(MID(B2,5,3),专业对照表!$A$1:$C$6,2,0)

	A	B	C	D	E	F	
1	姓名	学号	专业名称	班别	选择题	打字题	操作
2	李欣	170400101001	=VLOOKUP(MID(B2,		16	10	
3	黄继军	170400101002			20	9.4	
4	何训	170400101003			17	6.7	

图 8-5　用 VLOOKUP()函数完成专业名称的录入

（3）按回车键或单击【编辑栏】的对勾命令✔得出专业名称。

（4）选定 C2 单元格，双击 C2 单元格右下角的填充柄，可以将公式复制到 C 列的其余单元格，得到所有学生的专业名称。

提个醒

公式中出现的标点符号必须是英文标点状态下的符号，出现的括号必须是小括号。

相关知识

1. 函数 VLOOKUP()的语法和功能

语法：=VLOOKUP(要查找的值，要在其中查找值的区域，区域中包含返回值的列号，精确匹配或近似匹配)。

本函数共有 4 个参数。

功能：如果在“要在其中查找的区域”第一列中找到“要查找的值”，将返回“区域中包含返回值的列号”对应的值。

语法和功能的语言描述难以理解，下面通过一个实例来讲解，较为通俗易懂。

如图 8-6 所示，在 B9 单元格中输入公式：=VLOOKUP(B8,B1:C6,2,0)。得到返回值“信息与计算科学”。

显然编号为 107 的专业是“信息与计算科学”。

分析如下：

（1）第一个参数：单元格 B8 的值为"107"，是"要查找的值"。

（2）第二个参数：单元格区域 B1:C6 是要在其中查找 107 的区域。

注意：函数规定是在"要在其中查找值的区域"的第一列中查找，所以在划定区域的时候，不能包括 A 列数据。

（3）第三个参数：2，表示 B1:C6 单元格区域的第 2 列，即"专业"列。

（4）第四个参数：0，表示查找的方式是精确查找。

B9		f_x	=VLOOKUP(B8,B1:C6,2,0)	
	A	B	C	D
1	序号	编号	专业	
2	1	001	数学教育（专）	
3	2	101	数学教育(本)	
4	3	105	计算机科学技术	
5	4	107	信息与计算科学	
6	5	111	网络工程	
7				
8	编号	107		
9	专业	信息与计算科学		

图 8-6　VLOOKUP()函数功能讲解

2．公式中相对引用和绝对引用

引用的作用在于标识工作表上的单元格或单元格区域，并告知 Excel 在何处查找要在公式中使用的值或数据。

比如公式"=A1+5"，其中的 A1 就是引用，作用是告诉 Excel 在 A1 单元格中找到加数的值。

引用的种类有跨表引用、相对引用、绝对引用、混合引用。

（1）跨表引用。

跨表引用是指可以引用其他工作表的单元格的值。比如公式"=语文！A1+5"，其中引用了"语文"工作表的 A1 单元格的值。要引用其他工作表的单元格或单元格区域，需要在单元格或单元格区域的前面加上"工作表名称"和"！"。

（2）相对引用。

公式中的相对引用，在公式的复制中会发生改变。

比如按如下顺序操作：

① 在 C2 单元格中输入公式"=A1+5"，然后选定 C2 单元格。

② 单击"复制"命令（就是把公式复制到剪贴板）。

③ 定位到 E5 单元格，单击"粘贴"命令（就是把公式粘贴到 E5 单元格）。

想一想，E5 单元格的公式会是什么呢？

E5 单元格的公式是"=C4+5"，A1 变成了 C4。

分析：公式从 C2 单元格复制到 E5 单元格，位置变了，列标从 C 移动到 E，相当于列标加了 2，行标从第 2 行移到第 5 行，相当于行标加了 3，那公式中所有的相对引用也做了相同的变化。公式中的 A1，列标 A 加了 2 列，变为 C 列，行标 1 加了 3 行，变为 4 行，所以 E5 的公式就是 "C4+5"，如图 8-7 所示。

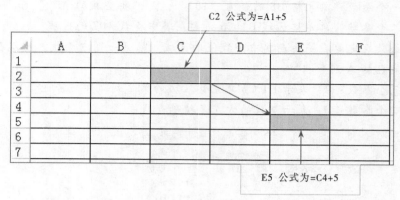

注：因为列 A+2=C；行 2+3=5 所以 A1 变为 C4

图 8-7 相对引用示例

（3）绝对引用。

公式中的绝对引用是指在公式复制粘贴过程中，引用保持不变。

绝对引用标识为分别在行标和列标的前面加上一个 "$" 符号，比如公式中的 "$A$1" 就是表示绝对引用 A1 单元格的值。

比如，C2 单元格的公式为 "=$A$1+5"，第一个加数就是绝对引用。选定 C2 单元格，然后单击 "复制" 命令，将公式粘贴到任何位置，公式永远是 "=$A$1+5"。

（4）混合引用。

公式的引用中如果行标和列标前面都加上 "$" 这个符号，表示绝对引用；如果行标和列标只有一个加上 "$" 称为混合引用，比如 "A$1" 或 "$A1"。

图 8-8 所示是相对引用、绝对引用和混合引用的示例。

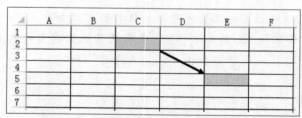

C2 单元格公式	粘贴到 E5，公式为	说　　明
=A1+5	=C4+5	A1 是相对引用，A+2=C，1+3=4
=$A$1+5	=$A$1+5	$A$1 是绝对引用，是绝对列绝对行
=$A1+5	=$A4+5	$A1 是混合引用，绝对列相对行
=A$1+5	=C$1+5	A$1 是混合引用，相对列绝对行

图 8-8 相对引用、绝对引用和混合引用示例

混合引用 "A$1" 在公式的复制粘贴过程中行标 "1" 保持不变，但列标 "A" 随着位置的变化而变化。

混合引用"$A1"在公式的复制粘贴过程中列标"A"保持不变，但行标"1"随着位置的变化而变化。

在公式中要正确使用相对引用、绝对引用和混合引用，否则在公式的复制粘贴过程中就会出错。

3．本案例 C2 单元格公式解释

C2 单元格的公式为"=VLOOKUP(MID(B2,5,3),专业对照表!$A$1:$C$6,2,0)"。

下面讲解公式的含义。

（1）MID（B2,5,3）的值。

MID（B2,5,3）是从单元格 B2 的字符串中截取长度为 3 的子串，截取位置从第 5 个字符开始。B2 的值是学号"170400101001"，故 MID（B2,5,3）的值为"001"，就是要查找"001"。

（2）"专业对照表!$A$1:$C$6"的含义。

区域"专业对照表!$A$1:$C$6"表示区域是"专业对照表"工作表的单元格区域 A1:C6。

区域采用绝对引用表示是正确的，因为求得第一个同学的专业之后，还要将公式复制到其他同学的专业，必须保证所查找的区域位置绝对不变。

（3）=VLOOKUP(001,专业对照表!$A$1:$C$6,2,0)的含义。

就是在"专业对照表!$A$1:$C$6"区域的第 1 列中查找"001"的值，如果找到了，就引用"专业对照表!$A$1:$C$6"区域中第 2 列相应的行的值。

本例中，"001"在区域"专业对照表!$A$1:$C$6"的第 1 列第 2 行中找到，所以函数返回值是区域"专业对照表!$A$1:$C$6"的第 2 列第 2 行的值，为"数学教育（专）"。

2．"班别"列数据的录入

班级的命名格式为"专业简称+17+班别序号+班"，学号中第 9 位是班别的序号。比如学号 170400101001 的第 9 位是 1，故该学号的班别序号是 1，该学号的专业简称为"数教（专）"，则该生的班级命名为"数教（专）171 班"

操作步骤如下：

（1）选定单元格 D2。

（2）在编辑栏中输入如下公式

"=VLOOKUP(MID(B2,5,3),专业对照表!$A$1:$C$6,3,0)&"17"&MID(B2,9,1)&"班""，如图 8-9 所示。

	=VLOOKUP(MID(B2,5,3),专业对照表!$A$1:$C$6,3,0)&"17"&MID(B2,9,1)&"班"						
B	C	D	E	F	G	H
学号	专业名称	班别	选择题	打字题	操作系统	网络题
170400101001	数学教育（专）	=VLOOKUP(M	16	10	10	10
170400101002	数学教育（专）		20	9.4	10	10
170400101003	数学教育（专）		17	6.7	10	8.3
170400101004	数学教育（专）		18	7	10	10
170400101005	数学教育（专）		13	10	10	10

图 8-9　用 VLOOKUP()函数求班别名称

（3）按回车键或单击编辑栏的对勾命令✔。

（4）将 D2 单元格的公式向下复制。

相关知识

1. 文本连接运算符

公式中的符号"&"是文本连接运算符，是将两个字符串连接成一个字符串的意思。

例 1，公式="中国"&"人民"运算结果为"中国人民"。

注意：公式中需要输入的标点符号都必须是英文半角标点。

2. D2 单元格公式解释

D2 单元格公式为

"=VLOOKUP(MID(B2,5,3),专业对照表!$A$1:$C$6,3,0)&"17"&MID(B2,9,1)&"班""。

本公式用三个文本连接运算符将四个字符串连接成班别名称。

（1）公式 VLOOKUP(MID(B2,5,3)，专业对照表!$A$1:$C$6,3,0)的值。

B2 的值是"170400101001"，故公式的值是"数教（专）"。

（2）MID(B2,9,1)的值。

显然 MID(B2,9,1)的值是 1。

（3）D2 单元格公式的值。

原式="数教（专）"&"17"&"1"&"班"=数教（专）171 班。

3. 计算总分

操作方法如下：

（1）选定单元格 L2。

（2）在编辑栏中输入"=SUM(E2:K2)"，如图 8-10 所示。

（3）按回车键或者单击编辑栏的✔命令。

（4）选定 L2 单元格，将 L2 的公式往下复制。

fx	=SUM(E2:K2)						
E	F	G	H	I	J	K	L
选择题	打字题	操作系统	网络题	字处理	电子表格	演示文稿	总分
16	10	10	10	19.2	20	9.4	94.6
20	9.4	10	10	19.2	20	10	
17	6.7	10	8.3	19.2	20	10	
18	7	10	10	20	15.4	7.3	
13	10	10	10	18.1	18.9	10	

图 8-10　用 SUM()函数求总分

相关知识

求和公式 SUM()的语法和功能

语法：=SUM(number1,[number2],…)。

功能：将指定为参数的所有数字相加。

例 1，=SUM（5,6,7）是将 5，6，7 三个数相加，结果为 18。

例 2，=SUM（A2:C5）是将单元格区域 A2:C5 中所有数据相加。

例 3，=SUM（A2:C5,A9）是将单元格区域 A2:C5 中所有数据以及单元格 A9 的数据相加。

4．计算年级排名

年级排名的格式为"第 1 名，第 2 名，……"，操作方法如下：

（1）选定单元格 M2。

（2）在编辑栏中输入="第"&RANK(L2,$L$2:$L$368,0)&"名"。

（3）选定 M2 单元格，通过 M2 单元格右下角的填充柄，将公式向下复制直到最后一个同学。

					fx		="第"&RANK(L2,$L$2:$L$368,0)&"名"				
E	F	G	H	I	J		K	L	M	N	
选择题	打字题	操作系统	网络题	字处理	电子表格	演示文稿	总分	年级排名	等级
16	10	10	10	19.2	20	9.4	94.6	第18名	
20	9.4	10	10	19.2	20	10	98.6		
17	6.7	10	8.3	19.2	20	10	91.2		
18	7	10	10	20	15.4	7.3	87.7		

图 8-11 计算年级排名公式

相关知识

1．函数 RANK() 的功能和语法

语法：RANK(数值,数组,排序方法)。

功能：返回数值在数组中的排名。

函数有两种排序方法。

第一种是降序排序，置第 3 个参数为 0，表示降序排序。相当于将数组降序排序，数值最大的排第 1 名。

第二种是升序排序，置第 3 个参数为非 0 值，表示升序排序。相当于将数组升序排序，数值最小的排第 1 名。

本例中总分最高的同学应该是第 1 名，故采用降序排序。

2．公式 RANK（L2,$L$2:$L$368,0）的含义

本案例需要求 RANK（L2,$L$2:$L$368,0）的函数值。

分析：第一个参数 L2 是李欣同学的总分 94.6；第二个参数 $L$2:$L$368 是全年级所有学生的总分系列区域；第三个参数是 0，表明是降序排列。本公式是求李欣同学的总分在全年级排第几名。本案例中，RANK（L2,$L$2:$L$368,0）的结果为 18，即李欣同学为全年级第 18 名。

5．计算总评

根据期考总分，将总评分为四个等级，分别是优秀、良好、及格和不及格，如表 8-1 所示。

表 8-1　总评等级分类表

总分范围	等　　级
>=90	优秀
>=80	良好
>=60	及格
<60	不及格

操作方法如下：

（1）选定单元格 N2。

（2）在编辑栏中输入公式：

=IF(L2>=90,"优秀",IF(L2>=80,"良好",IF(L2>=60,"及格","不及格")))。

（3）按回车键或单击编辑栏中的"对勾" ✔ 命令，如图 8-12 所示。

（4）将单元格 N2 中的公式向下复制到表格的最后一名学生。

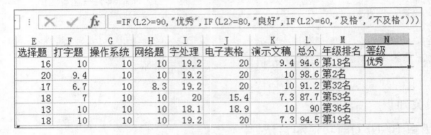

图 8-12　计算总评等级

相关知识

公式分析

IF()函数在案例七已经介绍过，这里介绍 IF()函数的嵌套。本案例的公式中共有 3 层 IF()函数。

我们将等级分数用数轴表示出来，如图 8-13 所示。

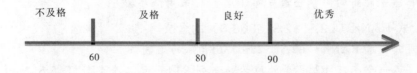

图 8-13　用数轴表示等级

下面分析以下公式的运算流程。

=IF(L2>=90,"优秀",IF(L2>=80,"良好",IF(L2>=60,"及格","不及格")))

本公式共有三个 IF()函数，是嵌套函数格式。根据 IF()来划分，公式共有三层结构。

外层：IF(L2>=90,"优秀",X1)。

内 1 层：X1=IF(L2>=80,"良好",X2)。

内 2 层：X2=IF(L2>=60,"及格","不及格")。

公式的运算顺序是从外层到内层进行的。

（1）外层运算。

将总分 L2 与 90 比较，条件表达式为 L2>=90。如果条件表达式为真，公式返回"优秀"，运算结束，否则进入内 1 层进行运算。

（2）内 1 层运算。

将总分与 80 比较，条件表达式为 L2>=80。如果条件表达式为真，公式返回"良好"，运算结束，否则进入内 2 层进行运算。

（3）内 2 层运算。

将总分与 60 比较，条件表达式为 L2>=60。如果条件表达式为真，公式返回"及格"，运算结束，否则公式返回"不及格"，运算结束。

公式运行流程如图 8-14 所示。

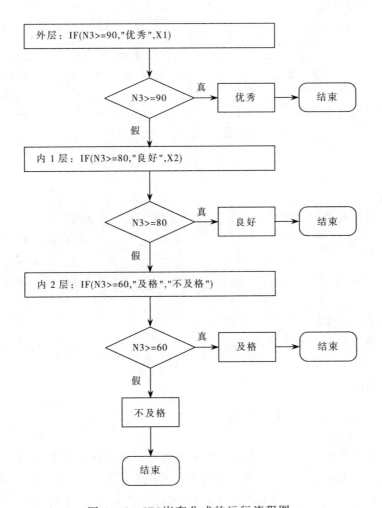

图 8-14 IF()嵌套公式的运行流程图

8.4.3　计算质量分析表的各项指标

在"数计学院全院计算机基础质量分析"工作表中需要计算的指标有"实考人数""平均分"、各分数段的人数和人数占比。

本操作用到三个函数，分别是 COUNT()函数、COUNTIFS()函数和 AVERAGE()函数。

1.　使用 COUNT()函数计算实考人数

（1）选定单元格 B7。

（2）在编辑栏中输入公式："=COUNT('17 级计算机期考成绩'!L2:L368)"。

（3）按回车键或单击编辑栏的对勾✔命令，如图 8–15 所示。

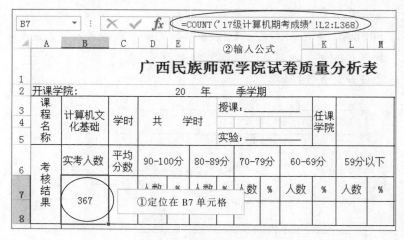

图 8–15　计算实考人数

提个醒

公式中参数的输入可以使用鼠标拖动的方法完成，方法如下：

（1）在 B7 单元格中输入"=COUNT("之后，将插入点定位在"=COUNT("括号的右侧。

（2）单击工作表"17 级计算机期考成绩"，进入"17 级计算机期考成绩"工作表中。

（3）拖动选择 L2:L368 单元格区域。

这样，参数内容就写出来了。

相关知识

（1）COUNT()函数的语法和功能

语法：COUNT(区域 1,区域 2, ...)。

功能：COUNT()函数计算各个区域中包含数字的单元格的个数之和。

注意：它不是统计这个区域的单元格个数，而是统计区域中写有纯数字的单元格个数。

例 1，对于图 8–16，公式=COUNT(A1:A5)的返回值是 3。因为图中单元格区域 A1:A5

中共有三个单元格是数字，日期型数据也属于数字。

	A	B
1	2	
2	中国	
3		
4	3	
5	2018/5/2	
6		

图 8-16　COUNT()函数示例

（2）公式"=COUNT('17级计算机期考成绩'!L2:L368)"含义。

公式分析：=COUNT('17级计算机期考成绩'!L2:L368)公式中的参数表示学生的期考总分列当然每一个参加考试的学生都有一个分数。分数是数值型的，所以函数值就是实考人数。

2．计算平均分

（1）选定单元格 C7。

（2）在编辑栏中输入公式："=AVERAGE('17级计算机期考成绩'!L2:L368)"，单击编辑栏的对勾✔按钮。

相关知识

1．AVERAGE()的语法与功能

语法：AVERAGE(数值1，数值2，…)

功能：返回参数的算术平均值。

参数中的数值1，数值2可以是一个数，也可以是一组单元格区域。

例1：图 8-17 中，公式=AVERAGE(A1:A6)的函数返回值是 3。

分析：区域 A1:A6 中共有三个数，计算方法是（3+3+3）/3=3。

例2：图 8-17 中，公式=AVERAGE(C1:C4)的函数返回值是 2.25。

分析：区域 C1:C6 中共有四个数，3,0,3,3 平均值计算方法是（3+0+3+3）/4=2.25。

从以上两个例子来看，单元格写 0 与单元格为空，效果是不同的。

例3：图 8-17 中，公式=AVERAGE（B1:B4）函数返回值是 3。

分析：区域 B1:B4 中有 3 个数，（3+3+3）/3=3。

	A	B	C
1	3	3	3
2	3		0
3	3	3	3
4		3	3
5			
6			

图 8-17　AVERAGE()函数示例

3．计算各分数段的人数

计算各分数段的人数可以利用函数 COUNTIFS()，这个函数称为多条件统计函数。

（1）计算分数在 90 分以上的人数。

① 选定单元格 D8。

② 在编辑栏中输入公式"=COUNTIFS('17 级计算机期考成绩'!L2:L368,">=90")"，然后按回车键或单击编辑栏的 ✔ 对勾命令。

该公式的含义是求 17 级计算机期考成绩的总分区域 L2:L368 中，满足">=90"的数值个数。

（2）计算分数在 80～90 分之间的人数。

① 选定单元格 F8。

② 在编辑栏中输入公式：

=COUNTIFS('17 级计算机期考成绩'!$L$2:$L$368,">=80",'17 级计算机期考成绩'!$L$2:$L$368,"<90")。

③ 按回车键或单击编辑栏的 ✔ 对勾命令。

注意：参数中使用绝对引用或使用相对引用都是正确的。但考虑到后面其他分数段的公式与它相似，可以复制这个公式，故采用绝对引用比较好。

该公式的含义是求总分区域中数值>=80 而且数值<90 的单元格个数。

（3）计算分数在 70～79 分之间的人数。

在单元格 H8 中输入公式：

=COUNTIFS('17 级计算机期考成绩'!$L$2:$L$368,">=70",'17 级计算机期考成绩'!$L$2:$L$368,"<80")。

ℹ️ 提个醒

我们发现，此公式与（2）计算分数在 80～90 之间的公式十分相似，因此可以用复制粘贴的方法完成公式的录入，操作方法是：

（1）选定单元格 F8，然后单击【开始】选项卡的【复制】命令。

（2）选定单元格 H8，然后单击【粘贴】命令。

（3）修改公式，将>=80 更改为>=70；将<90 更改为<80，按回车键。

注意：用这种方法复制公式，应将总分区域表达为绝对引用方式，否则，粘贴后区域会变。

（4）计算分数在 60～69 分之间的人数。

在单元格 J8 中输入公式：

=COUNTIFS('17 级计算机期考成绩'!$L$2:$L$368,">=60",'17 级计算机期考成绩'!$L$2:$L$368,"<70")。

也可以将单元格 F8 的公式复制过来，再做相应的修改。

（5）计算分数在 60 分以下的人数。

在单元格 L8 中输入公式：

=COUNTIFS('17 级计算机期考成绩'!$L$2:$L$368,"<60")。

相关知识

公式 COUNTIFS()的语法和功能

语法：COUNTIFS(区域 1，条件 1，[区域 2，条件 2]…)。

功能：统计同时满足各条件的单元格个数。

例 1：图 8-18 中，公式 COUNTIFS(A1:A9，"一班")的函数返回值是 4，表示单元格区域 A1:A9 中共有 4 个单元格是"一班"。

例 2：图 8-18 中，公式 COUNTIFS(A1:A9，"一班",B1:B9，"优秀")的函数返回值是 2，表示一班中有 2 个学生总评为优秀。

	A	B
1	班级	总评
2	一班	优秀
3	二班	良好
4	一班	良好
5	一班	及格
6	二班	优秀
7	一班	优秀
8	三班	及格
9	三班	及格

图 8-18　COUNTIFS()函数示例

4．计算各分数段占比

（1）选定 E8 单元格。

（2）在编辑栏中输入公式"=D8/$B$7"，按回车键，计算出分数的 90～100 的占比。

（3）选定 E8 单元格，将单元格的格式设置为百分比样式，保留两位小数。

（4）将 E8 单元格的公式复制到单元格 G8、I8、K8、M8。

注意：如果在计算后单元格中出现如干个"#"号，表示单元格的宽度不够，将单元格的列宽加宽，才能正确显示数字。

8.4.4　美化表格

这里指美化"17 级计算机期考成绩"工作表。

1．添加表格标题

（1）插入行。

① 将光标定位在工作表"17 级计算机期考成绩"的第一行中。

② 切换到【开始】选项卡，在【单元格】分组中单击【插入】命令下方的三角按钮，弹出插入对象菜单，选择【插入工作表行】选项。

（2）输入标题并格式化。

① 在 A1 单元格中输入"数计学院 17 级计算机期考成绩表"。

② 选定 A1:N1 单元格区域，将其合并并居中显示。

③ 设置标题的字体为宋体，18 磅。

2．为表格套用一种样式

操作步骤如下：

（1）选定单元格区域 A2:N369。

（2）切换到【开始】选项卡，在【样式】分组中单击【套用表格格式】下方的三角按钮。

（3）在弹出的【套用表格样式】列表中，选择【表样式浅色 16】，如图 8-19 所示。

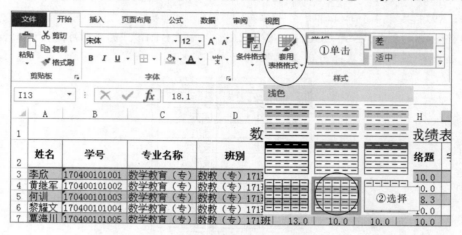

图 8-19　套用表格格式操作示意图

3．设置列标题为自动换行方式

表格中各大题的分数列，因为大题的标题文字较多，所以列宽较大，可以将列标题单元格设置为自动换行方式，再缩小列宽，这样更加美观，如图 8-20 所示。

（1）选定列标题行。

（2）切换到【开始】选项卡，在【对齐方式】分组中单击【自动换行】命令 ▤自动换行。

（3）拖动相应的行标识和列标识，改变行高和列宽。

数计学院17级计算机期考成绩表							
班别	选择题	打字题	操作系统	网络题	字处理	电子表格	演示文稿
数教（专）171班	16.0	10.0	10.0	10.0	19.2	20.0	9.4
数教（专）171班	20.0	9.4	10.0	10.0	19.2	20.0	10.0
数教（专）171班	17.0	6.7	10.0	8.3	19.2	20.0	10.0
数教（专）171班	18.0	7.0	10.0	10.0	20.0	15.4	7.3
数教（专）171班	13.0	10.0	10.0	10.0	18.1	18.9	10.0
数教（专）171班	18.0	10.0	10.0	10.0	19.2	20.0	7.3
数教（专）171班	19.0	8.6	10.0	10.0	17.5	17.5	9.2

图 8-20　将列标题设置为自动换行方式

8.5　实训操作

实训 1　计算家庭开支明细表

本实训记录了 5 月份每日的支出和收入明细，请计算本月总支出和本月总收入，计算每日的余额。

实训 1 数据表如图 8-21 所示。

操作要求：

打开"素材/案例八/实训 1/5 月份家庭开支明细表（素材）.xlsx"，并将文件另存到"我的作品/案例八/实训 1"文件夹中，文件名改为"5 月份家庭开支明细表.xlsx"。

（1）将 A1:E1 单元格区域合并后居中显示，将标题文字设置为宋体 18 磅。

（2）为单元格区域 A2:E12 添加表格框线。其中，区域的上框线和下框线为细双线，其余为细实线。

（3）计算本月收入支出小计，计算每日余额。

	A	B	C	D	E
1	5月份家庭开支明细表				
2	日期	项目	收入	支出	余额
3	5月1日	上月余额			500
4	5月1日	节日奖金	500		
5	5月2日	购衣服		120	
6	5月10日	买食品	840	34.5	
7	5月12日	领工资	200		
8	5月15日	发加班费		50	
9	5月22日	付煤气费		150	
10	5月26日	购买电风扇		100	
11	5月31日	订牛奶		25	
12	本月小计				

图 8-21　实训 1 原始数据表

操作提示：

1．添加框线

选定 A2:E12 单元格区域后，切换到【开始】选项卡，单击【数字】分组右下角的【功能扩展】按钮可以打开【设置单元格格式】对话框，按要求在【边框】选项卡（见图 8-22）中设置。

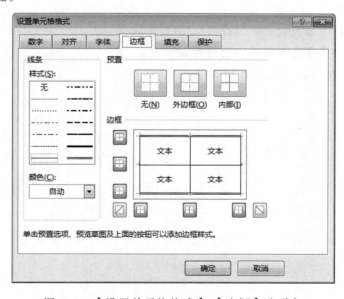

图 8-22　【设置单元格格式】/【边框】选项卡

2．计算每日余额

在 E4 单元格中输入公式"=E3+C4–D4"，然后将 E4 单元格的公式向下复制即可。

实训 2　设计进出小区车辆收费表

进入小区的车辆拟按如下标准收费：

（1）进入小区不满 3 小时的车辆不收费。

（2）进入小区 3 小时以上，6 小时以下（含 6 小时）的车辆按每小时 3 元收费。

（3）进入小区超过 6 小时的车辆，按每小时 5 元收费。

实训 2 效果如图 8-23 所示。

序号	车牌号码	车型	车颜色	停车时间（小时）	收费金额
1	京 N95905	小型车	深蓝色	3	¥0.00
2	京 H86761	中型车	银灰色	5	¥6.00
3	京 QR7261	中型车	白色	8	¥19.00
4	京 U35931	小型车	黑色	12	¥39.00
5	京 Q3F127	大型车	深蓝色	24	¥99.00

图 8-23　实训 2 效果截图

操作要求：

（1）打开"素材/案例八/实训 2/小区停车收费（素材）.xlsx"文件，然后将文件另存到"我的作品/案例八/实训 2"文件夹中，文件名改为"小区停车收费.xlsx"。

（2）计算收费金额。

（3）计算收费金额汇总。

操作提示：

收费金额按停车时间长短的区间段进行收费，可以利用判断函数 IF() 完成。

（1）选定单元格 F2。

（2）在编辑栏中输入公式："=IF(E2<3,0,IF(E2<=6,(E2–3)*3,3*3+(E2–6)*5))"。

（3）按回车键或单击编辑栏中的对勾✔命令。

（4）将 F2 单元格的公式向下复制。

案例九 ▶

≫学生期考质量分析与统计

在 Excel 文档中，我们除了可以输入数据，利用公式对数据进行计算外，还可以对数据进行分析和处理。数据处理主要包括记录的排序、数据的筛选、数据透视表以及插入图表等内容。

知识目标

（1）掌握数据排序的操作方法。
（2）掌握数据筛选的操作方法。
（3）掌握数据透视表的操作方法。
（4）掌握图表的插入和编辑。

能力目标

（1）能够通过对数据的排序和筛选找到所需要的数据。
（2）能够正确插入图表，直观表示数据。

9.1 案 例 情 境

2017 级学生的"计算机文化基础"课程的成绩表已经制作好了，但是为了给各个科任教师更好地了解所任课班级的考试情况，秘书小李利用排序和筛选的方法，快速提取了不同班级的学生记录。通过建立数据透视表，获取不同班级的横向对比数据，并用图表的形式直观地表示出来，方便科任教师找出差距，分析原因。

9.2 案 例 分 析

（1）本案例要讲解排序和筛选。通过排序或筛选，可以方便地找出所需的数据，比如找到某班的学生记录。我们把排序和筛选分别在不同的工作表操作。

（2）插入图表可以直观地显示数据。我们以制作"数教（本）173 班"期考成绩前10 名同学的"字处理"和"电子表格"两列数据的"簇状柱形图"为例讲解图表的制作过程。

（3）数据透视表，实际上是对数据进行分类汇总，比如计算出各班的平均分、最高分、最低分等数据。

9.3 操 作 要 求

（1）打开"素材/案例九/17 级学生计算机期考成绩（素材）.xlsx"文件，然后将其另存为"17 级学生计算机期考成绩.xlsx"，保存到"我的作品"文件夹中。

（2）为"17 级计算机期考成绩"工作表建立两个副本工作表，并将其中一个副本命名为"排序一"，另一个副本命名为"排序二"。在"排序一"工作表中，按总分进行降序排序，在"排序二"工作表中，以"班别"为主要关键字，进行升序排序，以"总分"为次要关键字，进行降序排序。

（3）为"17 级计算机期考成绩"工作表建立两个副本工作表，并将其中一个副本命名为"自动筛选"，另一个副本命名为"高级筛选"。在"自动筛选"工作表中，筛选出"数教本 173 班"的学生记录，在"高级筛选"工作表中，筛选出"数教本 173 班，字处理成绩<=10，或者电子表格成绩<=10"的记录。

（4）为"17 级计算机期考成绩"建立数据透视表。数据透视表放在一个新的工作表中，工作表命名为"各班平均分透视表"。透视表的行标签为"班级"，报表筛选为"专业名称"，数值区域为"总分"，并将列标签更名为"班级平均分"。

（5）以数教本 173 班总分前十名同学的字处理和电子表格两题建立簇状柱形图为例讲解图表的制作方法。

9.4 操 作 过 程

9.4.1 关系表的概念

我们对数据进行处理，比如排序、筛选、分类汇总等操作，通常是在一个关系表中完成。一个关系表就是一个二维表。二维表由行和列组成，每一列称为字段，每一行称为记录。二维表的第一行是字段名，记录从第 2 行开始。

字段：描述事物的某方面属性。

记录：是事物各方面属性之和。

图 9-1 是一个关系表的例子。图中共有 5 个字段（5 列），10 条记录。考号、姓名、学号、专业名称、班级是字段名。

考号	姓名	学号	专业名称	班别
WIN307000437	李欣	170400101001	数学教育（专）	数学教育（专）171班
WIN307000438	黄继军	170400101002	数学教育（专）	数学教育（专）171班
WIN307000439	何训	170400101003	数学教育（专）	数学教育（专）171班
WIN307000440	黎耀文	170400101004	数学教育（专）	数学教育（专）171班
WIN307000441	覃海川	170400101005	数学教育（专）	数学教育（专）171班
WIN307000442	刘肖华	170400101006	数学教育（专）	数学教育（专）171班
WIN307000443	符朱姓	170400101007	数学教育（专）	数学教育（专）171班
WIN307000444	黎深妮	170400101008	数学教育（专）	数学教育（专）171班
WIN307000445	梁丽敏	170400101009	数学教育（专）	数学教育（专）171班
WIN307000446	林治官	170400101010	数学教育（专）	数学教育（专）171班

图 9-1　一个关系表实例

9.4.2 排序操作

为"17级计算机期考成绩"工作表建立两个副本工作表，并将其中一个副本命名为"排序一"，另一个副本命名为"排序二"。在"排序一"工作表中，按总分进行降序排序，在"排序二"工作表中，以"班别"为主要关键字，进行升序排序，以"总分"为次要关键字，进行降序排序。

1．创建工作表副本

创建"17级计算机期考成绩"工作表的副本，如图9-2和图9-3所示。

操作方法如下：

（1）右击"17级计算机期考成绩"工作表，在弹出的菜单中单击【移动或复制…】选项，弹出【移动或复制工作表】对话框。

（2）在弹出的【移动或复制工作表】的对话框中，单击选中"建立副本"复选框，单击【确定】按钮。

（3）这样就新建了"17级计算机期考成绩"工作表的副本，副本工作表名为"17级计算机期考成绩（2）"。右击副本工作表的标签，将副本工作表重命名为"排序一"。

（4）将工作表"排序一"移动到最前面。

用同样的方法建立"排序二"工作表，并将"排序二"工作表移动到"排序一"工作表之后。

图 9-2 创建工作表副本操作示意图（一）　图 9-3 创建工作表副本操作示意图（二）

ⓘ 提个醒

如果工作表"排序一"不是最前面，可以用鼠标按住工作表标签将其拖动到最前面。复制工作表时，在【移动或复制工作表】对话框中也可以定位所复制工作表的位置。

在【移动或复制工作表】对话框中，必须选中【建立副本】复选框，否则是做移动工作表位置操作，并没有复制工作表。

2．排序操作

（1）"排序一"工作表的操作。

① 将插入点定位在"总分"列中的任意一个单元格。

② 切换到【数据】选项卡，在【排序和筛选】分组中单击【降序】命令 。记录将按总分从高到低排序，如图 9-4 所示。

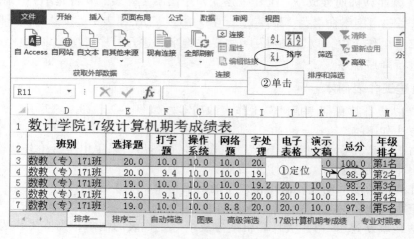

图 9-4　排序操作示意图

（2）"排序二"工作表的操作。

在"排序二"工作表中，以"班别"为主要关键字，进行升序排序；以"总分"为次要关键字，进行降序排序。这个操作称为多重排序，也称复杂排序。

① 选定 A2:N369 单元格区域。

② 切换到【数据】选项卡，在【排序和筛选】分组中单击【排序】命令。打开【排序】对话框。

③ 在【排序】对话框中，【主要关键字】选择"班别"，【次序】选择"升序"。单击【添加条件】命令，添加次要关键字，【次要关键字】选择"总分"，【次序】选择"降序"。

单击【确定】按钮，如图 9-5 所示。

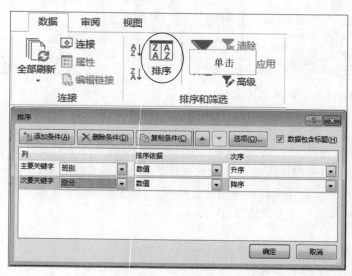

图 9-5　多重排序操作示意图

这个操作达到的效果是班级相同的记录都连续在一起，且相同班级的总分从高到低排序。

9.4.3　筛选操作

为"17 级计算机期考成绩"工作表建立两个副本工作表，并将其中一个副本命名为"自动筛选"，另一个副本命名为"高级筛选"。在"自动筛选"工作表中，筛选出"数教本 173 班"的学生记录，在"高级筛选"工作表中，筛选出数教本 173 班，字处理成绩<=10，或者电子表格成绩<=10 的记录。

1．创建工作表副本

为"17 级计算机期考成绩"建立两个副本，分别命名为"自动筛选"和"高级筛选"，位置放在"排序二"之后。

2．自动筛选

在"自动筛选"工作表中筛选出"数教本 173 班"学生记录。

（1）将"自动筛选"工作表设置为活动工作表，选定工作表的字段名。

（2）切换到【数据】选项卡，单击【排序和筛选】分组的【筛选】按钮，这样在每个字段名右侧出现一个三角按钮。

（3）单击"班别"字段名右侧的三角按钮，在下拉菜单中只勾选"数教（本）173班"，单击【确定】按钮，如图 9-6 所示。

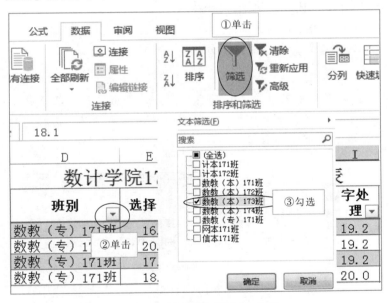

图 9-6　自动筛选操作示意图

3．高级筛选

在高级筛选中，选出数教本 173 班，字处理<=10，或者电子表格<=10 的记录。目的是找出这两个模块低分的学生。

自动筛选操作比较方便，但其只能进行"与"运算，不能进行"或"运算，比如本例，自动筛选就不能完成了。

所谓"与"运算，是指参加运算的两个条件同时为"真"，运算结果才为"真"，通俗地说就是"而且"的意思。

所谓"或"运算，是指参加运算的两个条件只要有一个是"真"，运算结果就为"真"，通俗地说就是"或者"的意思。

	P	Q	R
	班别	字处理	电子表格
	数教（本）173班	<=10	
	数教（本）173班		<=10

图 9-7 高级筛选操作示意图（一）

（1）输入筛选条件。

在 P1:R3 单元格区域中输入条件，如图 9-7 所示。

注意：筛选条件的第一行必须是字段名，条件"字处理<=10 与电子表格<=10"必须写在不同的行。写在同一行上表示的是"与"运算，写在不同行上表示"或"运算。条件区域可以写在其他任何位置。图 9-7 中条件的含义是"求数教（本）173班字处理<=10，或数教（本）173班电子表格<=10"。

（2）高级筛选的设置。

① 切换到【数据】选项卡，在【排序和筛选】分组中单击【高级】命令 ▼高级，弹出【高级筛选】对话框。

② 在【高级筛选】对话框中，方式选择"将筛选结果复制到其他位置"，列表区域选定高级筛选!\$A\$2:\$N\$369，条件区域选择高级筛选!\$P\$1:\$R\$3；复制到可以选定原有区域外的任一个单元格，比如高级筛选!\$P\$8。

列表区域实际上就是原有的数据区域。

③ 单击【确定】按钮，如图 9-8 所示。

ℹ️ 提个醒

【高级筛选】对话框中的【方式】有两种选择，如果选择"在原有区域显示筛选结果"则筛选结果将放置在原有区域，这样原有区域就被冲掉；选择"将筛选结果复制到其他位置"就能保留原有数据。

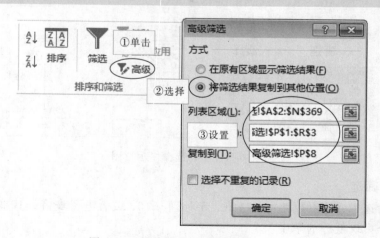

图 9-8 高级筛选操作示意图（二）

9.4.4　创建数据透视表

为"17级计算机期考成绩"建立数据透视表。数据透视表放在一个新的工作表中，工作表命名为"班级平均分透视表"。透视表的行标签为"班级"，报表筛选为"专业名称"，数值区域为"总分"，汇总方式为求平均值，并将列标签更名为"班级平均分"。

1．创建数据透视表

（1）单击工作表"17级计算机期考成绩"的标签，使其为活动工作表。

（2）切换到【插入】选项卡，在【表格】分组中单击【数据透视表】命令，打开【创建数据透视表】对话框，如图9-9所示。

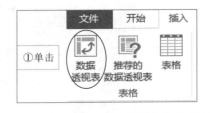

图9-9　【插入】选项卡【表格】分组

（3）在【创建数据透视表】对话框中，在【请选择要分析的数据】栏中选择"选择一个表或区域"，并在【表/区域】文本框中输入"17级计算机期考成绩!$A$2:$N$369"（只要将插入点定位在文本框中，然后用鼠标拖动选定 A2:N369 单元格区域即可输入），在【选择放置数据透视表的位置】栏中选择"新工作表"。

（4）单击【确定】按钮，如图9-10所示。

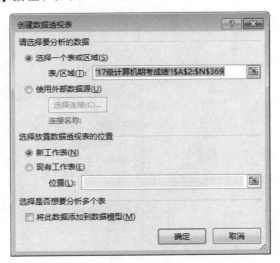

图9-10　【创建数据透视表】对话框

2．编辑数据透视表

在编辑数据透视表的工作窗口中进行如下编辑操作，如图9-11和图9-12所示。

（1）设置数据透视表结构。

① 在图9-11所示编辑窗口的右侧侧边栏中，在【选择要添加到报表的字段】栏中勾选"专业名称""班别"和"总分"字段。

确保"专业名称"字段落入【筛选器】区、"班别"字段落入【行标签】区、"总分"字段落入【∑值】区中。如果落入区域不正确，可以用鼠标拖动，使其正确。

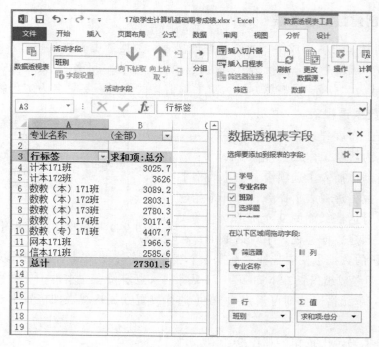

图 9-11　设置数据透视表操作（一）

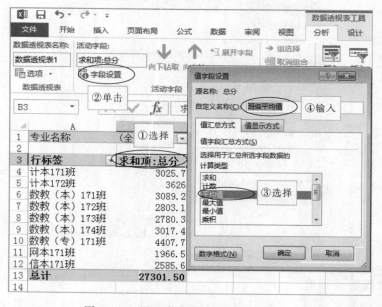

图 9-12　设置数据透视表操作（二）

（2）修改"总分"字段的汇总方式。

默认的汇总方式为求和方式，将其更改为求平均值方式。

① 在工作表中选择【求和项:总分】单元格（B3 单元格）。

② 切换到【数据透视表工具】/【分析】子选项卡，在【活动字段】分组中单击【字段设置】命令，弹出【值字段设置】对话框，如图 9-12 所示。

③ 在【字段设置】对话框中,【计算类型】选择"平均值",【自定义名称】文本框中更改为"班级平均分"。

④ 单击【确定】按钮。

⑤ 修改班级平均分单元格的数据为保留 1 位小数。

（3）更改工作表标签。

将数据透视表的工作表标签更名为"班级平均分"。

数据透视表本质上属于分类汇总。比如上例就是按班级分类,汇总出期考成绩的平均分。

9.4.5　创建图表

图表是一种图形对象,是关系表数据的直观表示方式关系数据表中的数据以行或列的形式排列。

下面以制作"数教（本）173 班"期考成绩前 10 名同学的"字处理"和"电子表格"两列数据的"簇状柱形图"为例讲解图表的制作过程。

1．准备工作

（1）新建一张工作表,将工作表命名为"图表"。

① 单击 Excel 工作表标签区的【新建工作表】按钮⊕,如图 9-13 所示。

② 将新建的工作表重命名为"图表"。

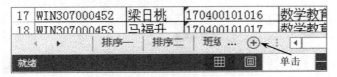

图 9-13　新建工作表操作

（2）复制数据到"图表"工作表。

① 单击"自动筛选"工作表标签,进入"自动筛选"工作表界面。

② 筛选出班别是"数教（本）173 班"的记录。

③ 按总分降序排序。

④ 选择前 10 名同学的记录,包括标题行,复制到"图表"工作表中,如图 9-14 所示。

	A	B	C	D	E	F	G	H	I	J
1	姓名	学号	专业名称	班别	选择题	打字题	操作系统	网络题	字处理	电子表格
2	蒋添合	1704101010	数学教育	数教（本）173班	14.0	10.0	10.0	10.0	16.7	19.2
3	胡春姝	1704101010	数学教育	数教（本）173班	15.0	10.0	6.7	10.0	20.0	20.0
4	严健源	1704101010	数学教育	数教（本）173班	13.0	10.0	6.7	10.0	18.7	17.8
5	刘冬娴	1704101010	数学教育	数教（本）173班	14.0	7.0	6.7	10.0	20.0	20.0
6	覃泓智	1704101010	数学教育	数教（本）173班	17.0	10.0	6.7	8.8	18.3	15.4
7	赵慧媛	1704101010	数学教育	数教（本）173班	14.0	7.7	6.7	8.8	18.1	18.9
8	罗云	1704101010	数学教育	数教（本）173班	19.0	7.7	6.7	3.8	19.2	20.0
9	莫德才	1704101010	数学教育	数教（本）173班	12.0	10.0	10.0	10.0	20.0	10.0
10	路程	1704101010	数学教育	数教（本）173班	13.0	10.0	8.3	8.8	18.3	15.4
11	陆幼绵	1704101010	数学教育	数教（本）173班	15.0	5.4	10.0	10.0	12.9	17.8

图 9-14　"图表"工作表的 10 名同学记录

2．插入图表

操作方法如图 9-15 和图 9-16 所示。

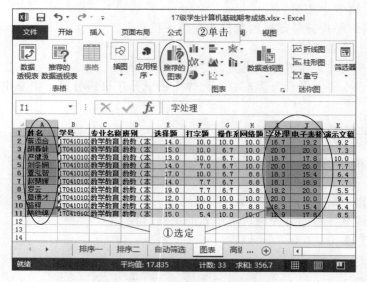

图 9-15　插入图表操作示意图（一）

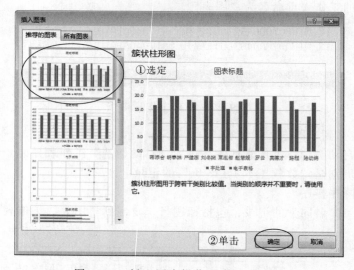

图 9-16　插入图表操作示意图（二）

（1）选择数据。

在"图表"工作表中选择 A1:A11 区域和 I1:J11 区域。因为 A1:A11 区域与 I1:J11 区域是两块不连续的区域，操作时，首先拖动选择 A1:A11 区域，然后按下键盘的 Ctrl 键再拖动选择第二块区域 I1:J11。

选择数据时，记得要把相应的标题（第一行）也选上，否则图表不完整。

（2）插入图表。

① 切换到【插入】选项卡，在【图表】分组中单击【推荐的图表】命令，弹出【插

入图表】对话框。

② 在【推荐的图表】选项卡中选择【簇状柱形图】，单击【确定】按钮。

提个醒

在【插入图表】对话框中有两个选项卡。【推荐的图表】选项卡是 Excel 2013 版的新功能，Excel 根据用户选定的数据区域，为用户推荐比较合适的图表类型，如果没有需要的图表类型，可以切换到【所有图表】选项卡中进行选择。

3. 图表元素

图表由许多元素组成，这些元素可以显示或隐藏于图表中。通过图 9-17，可以了解图表的一些常用元素。

常见的图表元素有图表标题、图例、数据系列、纵坐标轴和横坐标轴等。

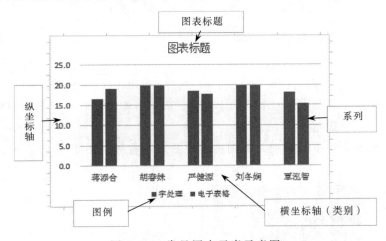

图 9-17　常见图表元素示意图

9.4.6　编辑图表

下面对图表进行编辑，编辑要求如下：

● 选择一个美观的样式。

● 将图表标题更改为"前 10 名同学的字处理与电子表格成绩"。

● 将图例置于右侧。

1. 选择一个美观的样式

（1）单击选定图表，这时有 8 个控制点框住图表，在图表的右上方出现三个命令图标，我们可以利用这三个命令图标快速编辑图表，同时选项卡功能区中出现【图表工具】选项卡，利用这个选项卡中的命令能更好地编辑图表。

（2）单击图表右侧的"图表样式"命令 ✐，在样式库中选择一种样式，如图 9-18 所示。

2. 修改图表标题

单击"图表标题"文本框，将文字修改为"前 10 名同学的字处理与电子表格成绩"。

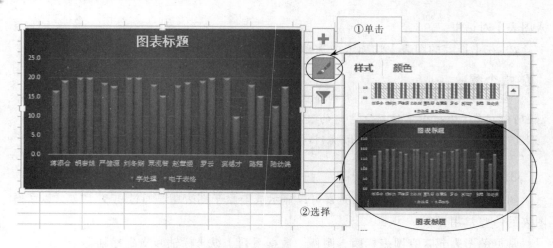

图 9-18　修改表样式操作示意图

3．将图例置于图表右侧

（1）单击选定图表。

（2）单击图表右上方的【图表元素】命令 ，弹出【图表元素】菜单。

（3）移动鼠标，将光标指向【图例】选项，选项右侧出现一个三角按钮 ，单击这个三角按钮，弹出下一级菜单。

（4）单击选择【右】菜单项，将图例置于图表的右侧，如图 9-19 所示。

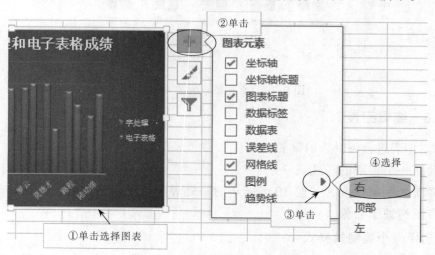

图 9-19　设置图例置于图表右侧

> ⓘ 提个醒
>
> 　　编辑图表操作，也可以利用【图表工具】选项卡中的命令进行操作。当选定图表时，在选项卡区会出现【图表工具】选项卡。如果不选定图表对象，则【图表工具】选项卡将不会出现。

9.5 实训操作

实训1 按自定义序列排序

操作要求：

（1）打开"素材/案例九/实训 1/职工基本情况表（素材）.xlsx"，将文件另存到"我的作品/案例九"中，将文件名更改为"职工基本情况表"。

（2）在工作表"Sheet1"中按"职称"排序，排序顺序按"教授，副教授，讲师，助教"序列进行。

分析：常见的排序有升序和降序两种。汉字的升序与降序是按照汉字代码的顺序进行排序。一级常用字的编码顺序与文字的汉语拼音的顺序一致，因此汉字的升序排序实际上是按照汉字的汉语拼音的升序排序。我们对工作表中的职称进行排序，无论是升序或降序排序，都不可能是按照"教授，副教授，讲师，助教"的顺序排序。要完成题目要求的顺序排序，就要用到"按自定义序列排序"的方法。

操作提示：

（1）【排序】对话框的操作。

① 选定单元格区域 A3:I31。

② 切换到【数据】选项卡，在【排序和筛选】分组中单击【排序】命令，弹出【排序】对话框。

③ 在【排序】对话框中，【列】的【主要关键字】设置为"职称"，【排序依据】设置为"数值"；【次序】设置为"自定义序列"，如图 9-20 所示。

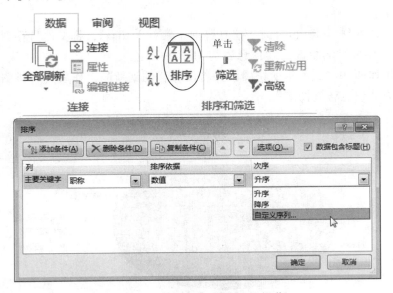

图 9-20 【排序】对话框的操作

（2）【自定义序列】对话框操作。

① 在【自定义序列】对话框中，左侧【自定义序列】栏中选择"新序列"，在右侧【输入序列】栏中输入"教授，副教授，讲师，助教"。

注意：在实际输入中教授、副教授、讲师助教的分隔是回车键，不是逗号，如图 9-21 所示。

② 单击【确定】按钮，返回【排序】对话框。

③ 在【排序】对话框中单击【确定】按钮完成操作。

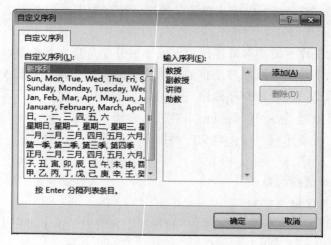

图 9-21　自定义序列对话框的操作

实训 2　制作饼图图表

操作要求：

（1）打开"素材/案例九/实训 2/信息咨询（素材）.xlsx"，将文件另存到"我的作品/案例九"中，将文件名更改为"信息咨询.xlsx"。

（2）制作如图 9-22 所示的饼图，并将图表移动到新的工作表，将饼图所在工作表的标签更名为"信息咨询图表"。

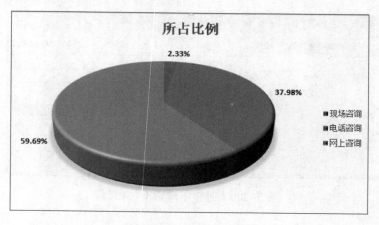

图 9-22　实训 2 图表

操作提示：

（1）选择数据。

选择 A2:A5 数据区域和 C2:C5 数据区域。

（2）插入图表。

① 切换到【插入】选项卡，在【图表】分组中单击【推荐的图表】命令，打开【插入图表】对话框。

② 在【插入图表】对话框中，切换到【所有图表】选项卡，选择【饼图】类的【三维饼图】，如图 9-23 所示。单击【确定】按钮，关闭对话框，便在当前工作表中插入了图表。

③ 为图表套用一种美观的样式。

图 9-23　插入三维饼图

（3）添加数据标签。

① 选定图表。

② 单击右上角的【图表元素】按钮，勾选【数据标签】，并在下一级菜单中选择【数据标签外】，如图 9-24 所示。

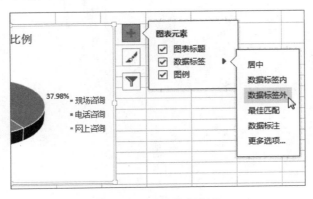

图 9-24　添加数据标签

（4）移动图表到新的工作表。

操作方法如图 9-25 所示。

① 选择图表。

② 切换到【图表工具】/【设计】选项卡，单击【位置】分组的【移动图表】命令，弹出【移动图表】对话框。

③ 在【移动图表】对话框中，选择【新工作表】，并在文本框中输入新工作表的名称"信息咨询图表"。

④ 单击【确定】按钮。

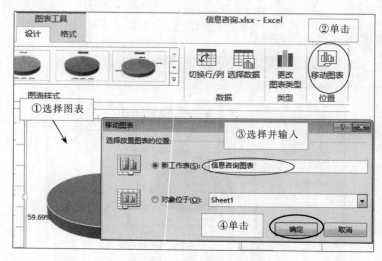

图 9-25　移动图表到新的工作表操作示意图

>>> 用 PowerPoint 制作物理课件

PowerPoint 是 Microsoft Office 组件之一，其文件由一张张幻灯片组成，每张幻灯片可以集成文字、图片，音频和视频等对象，被广泛用于课堂教学、会议报告、产品展示和广告宣传等。通常称 PowerPoint 文件为演示文稿，其文件扩展名为.pptx。

本案例以制作物理课件为例，讲解演示文稿的制作过程。

知识目标

(1) 了解 PowerPoint 的操作界面。

(2) 掌握创建演示文稿的操作方法。

(3) 掌握在幻灯片中插入图片、表格等对象的方法。

(4) 掌握幻灯片套用内置主题的方法。

能力目标

能够根据具体的素材，设计出美观实用的演示文稿。

10.1 案例情境

毕业班的学生要到初中学校实习。为了上好物理课，实习小组利用 PowerPoint 制作了许多教学课件，真正做到了学以致用，活跃了课堂学习气氛，取得了良好的教学效果。

10.2 案例分析

（1）第一张幻灯片是标题幻灯片，标题为"物态及其变化"。

（2）第二张幻灯片列举了本课件的主要教学内容。

（3）第三张到最后一张幻灯片，是具体的教学内容，由文字、图片和表格组成。

（4）幻灯片使用了一种内置主题，使版面美观大方。

10.3 操作要求

（1）新建演示文稿，将演示文稿保存到"我的作品/案例十"文件夹中，文件名改为

"物理课件.pptx"。

（2）第一张幻灯片使用"标题幻灯片"版式，标题为"第一章　物态及其变化"，副标题为"第三小组　小曾　小张　2013 年 9 月"（字样参考范例文件）。

（3）第二张幻灯片使用"垂直排列标题和文本"版式，标题写上"本章主要内容"，【内容】文本框书写相应的内容（参考范例文件）。

（4）第三张幻灯片使用"标题和内容"版式，写上相应的文字内容，插入相应的图片（参考范例文件）。

（5）第四张幻灯片使用"仅标题"版式，在标题的下方插入 SmartArt 对象"射线列表式关系图"（参考范例文件）。

（6）从第五张幻灯片开始到最后一张幻灯片，使用"标题和内容"版式，输入相应的内容和对象（参考范例文件）。

10.4　PowerPoint 操作界面简介

PowerPoint 工作界面由"标题栏""选项卡功能栏""幻灯片编辑区""状态栏"等区域组成。因为 PowerPoint 是 Office 组件之一，其"标题栏"和"选项卡功能区"的含义和功能与 Word、Excel 相似，这里主要介绍"幻灯片工作区"的视图方式。

1．视图方式

切换到【视图】选项卡，在【演示文稿视图】分组中，有 5 个命令按钮，分别对应 5 种视图方式，分别是普通视图、大纲视图、幻灯片浏览视图、备注页视图和阅读视图，如图 10-1 所示。

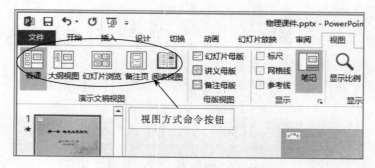

图 10-1　演示文稿视图分组的命令

（1）普通视图。

在普通视图方式下，幻灯片工作区分为左右两个窗格。左窗格是幻灯片的缩列图，右窗格是幻灯片的编辑区。拖动两个窗格的分隔条可以改变左右窗格的大小。单击左窗格的某一张幻灯片，这张幻灯片就成为活动幻灯片，右窗格将显示活动幻灯片，可以对它进行编辑操作，如图 10-2 所示。

图 10-2　普通视图界面

（2）大纲视图。

在大纲视图方式下，幻灯片工作区的左窗格为每一张幻灯片的标题和内容。可以在左窗格中直接编辑标题和内容，如图 10-3 所示。

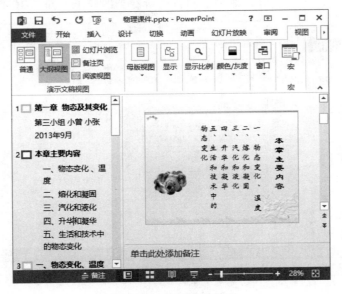

图 10-3　大纲视图界面

（3）幻灯片浏览视图。

在幻灯片浏览视图方式下，幻灯片工作区列举了所有幻灯片的缩略图。可以对这些幻灯片进行编辑，比如删除幻灯片、移动幻灯片、复制幻灯片等。当然幻灯片的删除、移动或复制也可以在其他视图中操作。

双击某一张幻灯片，将放大这张幻灯片且切换到普通视图方式或大纲视图方式，这时可以编辑这张幻灯片的内容，如图 10-4 所示。

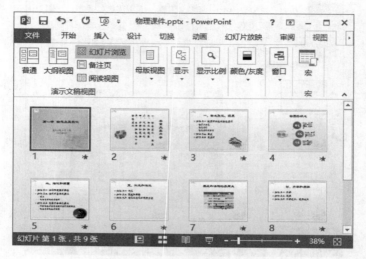

图 10-4　幻灯片浏览视图界面

（4）备注页视图。

单击【演示文稿视图】分组中的【备注页】命令，将进入活动幻灯片的备注视图方式，可以在幻灯片工作区活动幻灯片下方的文本框中书写这张幻灯片的备注。如果要打印这张幻灯片的备注页，其打印效果如同目前所看到的样子，如图 10-5 所示。

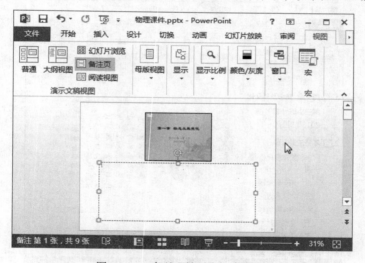

图 10-5　备注页视图方式界面

（5）阅读视图。

这种视图方式实际上是幻灯片的放映模式，且放映方式是在窗口中完成。

10.5　操作过程

在幻灯片制作过程中用到的文字材料可以从"素材/案例十/PPT 文本素材.docx"文

件中复制，用到的图片保存在"素材/案例十/图片素材"中。

10.5.1 新建空白演示文稿

（1）单击桌面的 PowerPoint 快捷图标，或单击【开始】菜单中的 PowerPoint 项目，启动 PowerPoint，并创建一个空白的演示文稿。

（2）将演示文稿保存到"我的作品/案例十"文件夹中，文件名为"物理课件.pptx"。

10.5.2 编辑幻灯片

我们主要讲解第 1 张、第 2 张、第 3 张、第 4 张和第 7 张幻灯片的制作，其余幻灯片可类似操作。

1．编辑第 1 张幻灯片

新建幻灯片时，PowerPoint 软件已经为我们新建了一张幻灯片，幻灯片的版式为标题幻灯片。

在主标题文本框中输入"第一章 物态及其变化"，在副标题文本框中输入"第三小组 小曾 小张 2013 年 9 月"，副标题分两行显示。

目前幻灯片的背景不好看，我们为幻灯片设置一种合适的内置主题，使幻灯片的背景、字体颜色等更加美观大方。

2．设置内置主题

操作方法如图 10-6 所示。

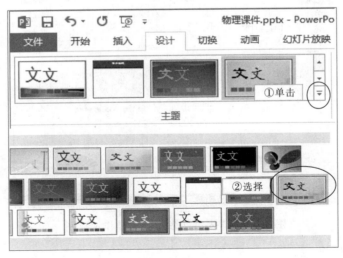

图 10-6 设置主题操作示意图

（1）切换到【设计】选项卡，在【主题】分组中，单击【样式库】右下角的【更多】按钮 ，弹出【样式库】中的所有样式，单击主题样式库中的一种主题，这里选择"龙腾四海"主题。将光标移动到某一种主题图标上稍作停留，会显示这种主题的名称。

（2）可以适当调整主标题和副标题的位置、对齐方式等，使其更符合要求。图 10-7 是设置主题后第 1 张幻灯片的效果图。

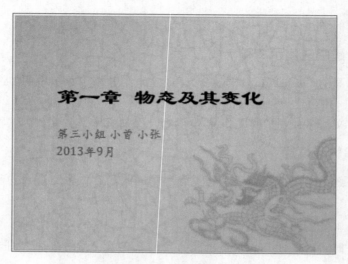

图 10-7　设置主题后第 1 张幻灯片效果图

3．制作第 2 张幻灯片

（1）插入幻灯片。

切换到【开始】选项卡，在【幻灯片】分组中单击【新建幻灯片】命令，在弹出的菜单中选择"垂直排列标题与文本"版式，如图 10-8 所示。

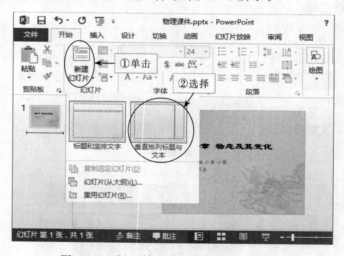

图 10-8　插入第 2 张幻灯片操作示意图

（2）编辑幻灯片。

① 输入标题和内容。

② 插入图片。切换到【插入】选项卡，在【图像】分组中单击【图片】命令，找到所需要的图片（考拉.jpg），将其插入到本幻灯片中，拖动图片到左下角，并设置合适大小。第 2 张幻灯片如图 10-9 所示。

4．制作第 3 张幻灯片

与制作第 2 张幻灯片相似，第 3 张幻灯片的版式采用"标题和内容"，如图 10-10 所示。

图 10-9　第 2 张幻灯片效果图　　　　　图 10-10　第 3 张幻灯片效果图

5．制作第 4 张幻灯片

（1）新建幻灯片。

第 4 张幻灯片选用的版式是"仅标题"。插入幻灯片，并在标题文本框中输入"物质的状态"。

（2）插入和编辑 SmartArt 对象。

① 插入 SmartArt 对象。切换到【插入】选项卡，在【插图】分组中单击【SmartArt】命令，弹出【选择 SmartArt 图形】对话框，如图 10-11 所示。

② 在【选择 SmartArt 图形】对话框中选择【关系】类别的【射线列表】对象。

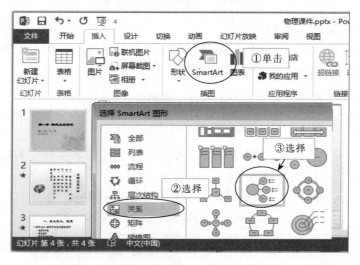

图 10-11　插入 SmartArt 对象操作示意图

③ 编辑"射线列表"对象，效果如图 10-12 所示。

- 单击中心形状（最大的圆）对象中的【插入图形】命令，插入"物态形状.jpg"图片。
- 在三个小圆形状中输入相应的一级文本内容，分别是固态、液态和气态。
- 在三个小圆旁边输入相应的二级文本内容。

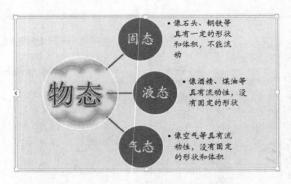

图 10-12　SmartArt 对象效果图

④ 美化 SmartArt 对象。选定 SmartArt 对象，选项卡区中出现【SmartArt 工具】选项卡。切换到【SmartArt 工具】/【设计】子选项卡，在【SmartArt 样式】分组中选择一种样式，如图 10-13 所示，可以美化 SmartArt 对象。单击【更改颜色】命令，选择某一种颜色，效果更佳。

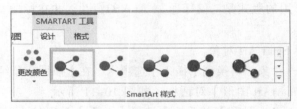

图 10-13　SmartArt 样式分组

6. 插入和编辑第 7 张幻灯片

第 5、第 6 张幻灯片制作方法与第 3 张幻灯片的制作方法相似，这里不再赘述。

第 7 张幻灯片主要是插入和编辑一个表格。

（1）插入幻灯片。

① 第 7 张幻灯片使用的版式是【标题和内容】，在标题文本框中输入"蒸发和沸腾的异同点"。

② 在内容文本框中单击【插入表格】命令，弹出【插入表格】对话框，在对话框中输入列数为 4，行数为 6，如图 10-14 所示。

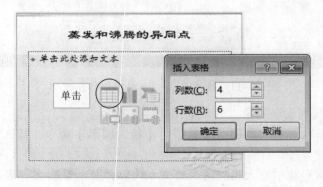

图 10-14　插入表格操作示意图

（2）编辑表格。

选定表格，在选项卡区中会出现【表格工具】选项卡，利用【表格工具】选项卡中的命令按钮编辑表格，如同 Word 2013 不规则表格的编辑方法。效果如图 10-15 所示。

		蒸发	沸腾
相同点		都是从液态变成气态，都要吸热	
不同点	发生部位	只在液体表面进行	液体内部和表面同时发生
	剧烈程度	缓慢	剧烈
	温度条件	在任何温度下	在一定温度下（沸点）
	影响因素	蒸发快慢与液体的温度高低、液体表面积的大小和液体表面上方空气流动的快慢有关	液体沸点的高低与其表面大气压的大小有关。压强越大、沸点越高

图 10-15　表格格式和内容

相关知识

1. 主题

主题是一组预定义的颜色、字体、效果集合，通过幻灯片母版定义它们。PowerPoint 包含许多内置主题。使用这些内置的主题，可以快速地设置幻灯片的外观，让演示文稿看起来更美观。

2. 幻灯片版式

幻灯片版式包含幻灯片上显示的所有内容的格式、位置和占位符。占位符是版式中存放文本（包括正文文本、项目符号列表和标题）、表格、图表、SmartArt 图形、影片、声音、图片和剪贴画等内容的容器。

10.6　实训操作

实训 1　为演示文稿设置外置文件主题

应用设置主题，可以美化幻灯片。主题分为内置主题和外置主题。如何为文档设置外部文件主题呢？

操作要求：

启动 PowerPoint 软件，新建一个空白演示文稿，将外部文件"素材/案例十/实训 1/第 6 章　网络基础及 Internet 应用.pptx"的主题应用到本空白演示文稿。

操作提示：

（1）切换到【设计】选项卡，在【主题】分组中单击主题库的【更多】按钮，弹出【主题】菜单，单击【浏览主题】命令，如图 10-16 所示。

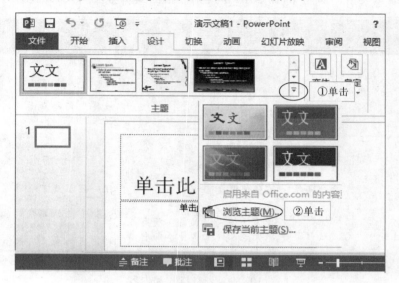

图 10-16　设置外置主题操作示意图（一）

（2）在【选择主题或主题文档】对话框中，选择"第 6 章 网络基础及 Internet 应用.pptx"，单击【应用】按钮，如图 10-17 所示。

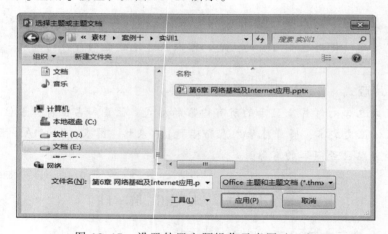

图 10-17　设置外置主题操作示意图（二）

实训 2　制作旅游景点介绍演示文稿

应用 PowerPoint 制作旅游景点介绍演示文稿。

操作要求：

（1）参考文字素材和图片素材制作演示文稿。文字素材和图片素材保存在"素材/案例十/实训 2"文件夹中。

（2）"最终效果/案例十/北京主要旅游景点介绍.pptx"只是本实训的一个参考文件，

鼓励读者发挥想象制作出更加精美的作品来。

实训 2 参考效果如图 10-18 所示。

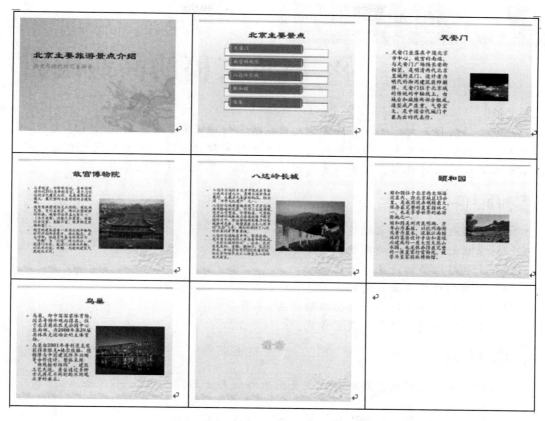

图 10-18　实训 2 效果缩列图

案例十一 ▶

>>> 演示文稿的高级编辑

演示文稿制作好之后，为了让演示文稿在演示的时候具有更加动人的演示效果，我们可以为文档设置一些生动的动画效果。为了更好地组织播放，我们可以设置超链接。演示文稿可以导出为视频，让演示文稿能在更多的计算机和手机上播放。

知识目标

（1）掌握幻灯片切换方式的设置方法。
（2）掌握幻灯片对象动画效果的设置方法。
（3）掌握超链接的设置方法。
（4）掌握幻灯片母版的设置方法。
（5）掌握将演示文稿导出为视频的方法。
（6）掌握演示文稿的打印设置方式。

能力目标

能够根据演示文稿的主题和特点设置生动的动画效果。

11.1 案 例 情 境

毕业班实习生们根据课程的内容已经创建好了物理课件，但是为了使课件在演示的时候更加生动有趣，实习生们还要为课件进行动画设计和幻灯片切换效果设计。为了更好地组织教学，还应该设计方便内容跳转的超链接。

11.2 案 例 分 析

设置幻灯片切换效果和内容的动画效果，是为了在幻灯片放映的时候更能吸引观众的注意力。将演示文稿导出为视频，使得文档可以在任何一台计算机中播放。演示文稿的打印设置，主要解决将幻灯片打印到纸质材料的布局方式。

11.3 操 作 要 求

（1）打开"素材/案例十一/物理课件（素材）.pptx"文件，然后将文件保存到"我的作品/案例十一/物理课件.pptx"。

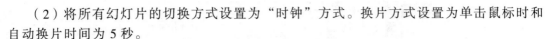

（2）将所有幻灯片的切换方式设置为"时钟"方式。换片方式设置为单击鼠标时和自动换片时间为 5 秒。

（3）为第 2 张幻灯片对象设置动画效果，设置要求如表 11-1 所示。

表 11-1　第 2 张幻灯片动画设置要求

对　象	动　画　类	效　果	效　果　设　置
主标题"本章主要内容"	进入	飞入	自右侧，单击鼠标时
内容文本框对象	进入	飞入	自左侧，单击鼠标时
图片	进入	弹跳	单击鼠标时

（4）为第 3 张幻灯片设置动画效果，设置要求如表 11-2 所示。

表 11-2　第 3 张幻灯片动画设置要求

对　象	动　画　类	效　果	效　果　设　置
主标题"一、物态变化、温度"	进入	弹跳	按词弹跳，上一个动画之后
内容文本框对象	进入	飞入	方向：自底部；文本组合：按第二级段落，触发条件为"上一个动画之后"
图片	进入	螺旋飞入	上一个动画之后
三个对象的出场顺序为"主标题→图片→内容文本框"			

（5）为第 2 张幻灯片的内容对象设置超链接设置，如表 11-3 所示。

表 11-3　超链接设置要求

对　象	链　接　到
一、物态变化 、温度	第 3 张幻灯片
二、熔化和凝固	第 5 张幻灯片
三、汽化和液化	第 6 张幻灯片
四、升华和凝华	第 8 张幻灯片
五、生活和技术中的物态变化	第 9 张幻灯片

（6）幻灯片母版的设置，在幻灯片母版或版式母版的左上角添加"徽标"图片。

（7）将演示文稿导出为视频文件。

（8）打印方式设置。将演示文稿按每页打印四张幻灯片的方式进行打印。

11.4　操 作 过 程

11.4.1　幻灯片切换方式的设置

1．选择切换样式

（1）选定一张幻灯片。

（2）切换到【切换】选项卡，在【切换到此幻灯片】分组的切换样式库中选择一种切换样式，这里选择【时钟】样式，如图 11-1 所示。

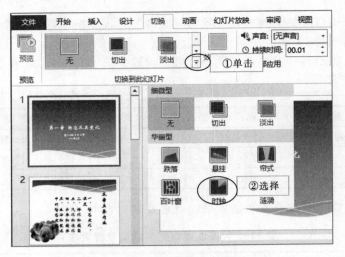

图 11-1　设置幻灯片切换操作（一）

2．切换效果设置

（1）效果选项设置。单击【切换到此幻灯片】分组的【效果选项】命令，在下拉菜单中选择【逆时针】。

（2）换片方式设置。在【计时】分组，【换片方式】栏中勾【选单击鼠标时】，勾选【设置自动换片时间】，并设置时间为 5 秒，如图 11-2 所示。

（3）应用范围设置。单击【计时】分组的【全部应用】按钮，将本设置适用于所有幻灯片。如果不单击【全部应用】按钮，则本设置只对当前幻灯片有效。

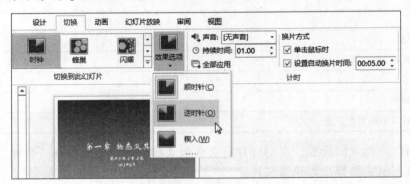

图 11-2　设置幻灯片切换操作（二）

11.4.2　第 2 张幻灯片对象动画设置

1．主标题对象动画设置

（1）选择动画类型。

① 选定第 2 张幻灯片主标题文本框。

② 切换到【动画】选项卡，在【动画】分组的动画样式库中选择【进入】类的【飞入】效果，如图 11-3 所示。

注意：单击动画样式库右下角的 ⊡ 按钮，可以看到更多的动画效果。

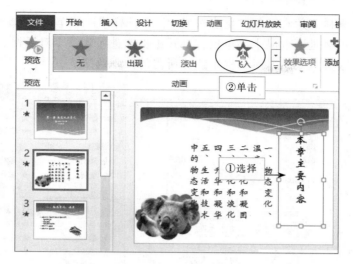

图 11-3　设置主标题对象的动画效果（一）

（2）设置动画效果。

① 单击【动画】分组的【效果选项】命令，选择方向为"自右侧"。

② 在【计时】分组【开始】下拉菜单中选择【单击时】，如图 11-4 所示。

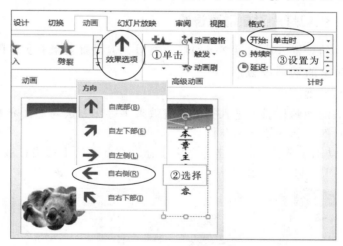

图 11-4　设置主标题对象的动画效果（二）

2．内容文本框动画设置

内容文本框的动画设置也是进入类的飞入效果，设置方法与主标题对象的设置方法类似，在此不再赘述。

3．图形对象的动画设置

设置方法与主标题对象设置方法类似。在选择动画类型时，因为【进入】类的"弹跳"方式不常用，要单击样式库菜单中的【更多进入效果】，进入【更改进行效果】对话框中进行选择，如图 11-5 和图 11-6 所示。

（1）选定图片对象。

（2）单击动画样式库右下角的更多按钮□，打开样式库菜单。

（3）单击【更多进入效果】菜单项，打开【更改进入效果】对话框。

（4）在【更改进入效果】对话框中选择所需的动画效果。

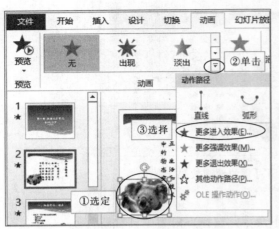

图 11-5　设置图形对象的动画效果（一）　　图 11-6　设置图形对象的动画效果（二）

11.4.3　第 3 张幻灯片对象动画设置

第 3 张幻灯片的设置方法与第 2 张幻灯片类似，但设置效果有更多的要求。

1．主标题对象的动画设置

（1）选择动画类型。

将主标题对象的动画设置为进入类的弹跳效果（操作方法与上面介绍的相同）。

（2）设置动画效果和开始动画条件。

① 切换到【动画】选项卡，单击【动画】分组右下角的【功能扩展】按钮□，打开【弹跳】对话框，如图 11-7 所示。

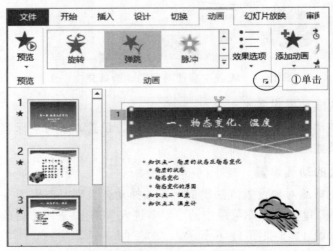

图 11-7　第 3 张幻灯片标题动画设置（一）

② 在【弹跳】对话框的【效果】选项卡中，【动画文本】设置为【按字/词】，如图 11-8 所示。在【计时】选项卡中，【开始】列表框设置为【上一个动画之后】。

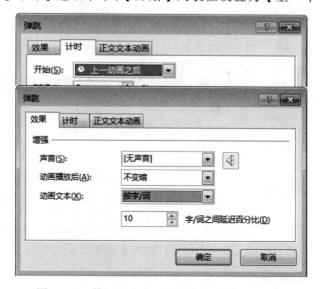

图 11-8　第 3 张幻灯片标题动画设置（二）

2．内容文本框的动画设置

（1）选择动画类型。

将内容文本框对象设置为【进入】类的【飞入】效果，方向为自底部。

（2）设置动画效果和动画开始条件。

① 切换到【动画】选项卡，单击【动画】分组右下角的【功能扩展】按钮，如图 11-9 所示，打开【飞入】对话框。

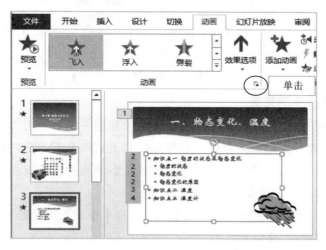

图 11-9　第 3 张幻灯片内容框动画设置（一）

② 在【飞入】对话框的【计时】选项卡中，【开始】文本框设置为【上一动画之后】。

③ 在【飞入】对话框的【正文文本动画】选项卡中,【组合文本】下拉菜单中选择【按第二级段落】,如图 11-10 所示。

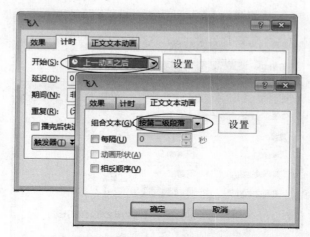

图 11-10　第 3 张幻灯片内容框动画设置(二)

3．图形对象的动画设置

(1)动画类型的选择。

将图形对象设置为【进入】类的【螺旋飞入】效果。

(2)设置动画开始条件。

① 选定图形对象。

② 切换到【动画】选项卡,在【计时】分组中的【开始】列表框中选择【上一个动画之后】,如图 11-11 所示。

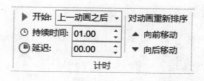

图 11-11　设置动画开始条件

4．对象出场顺序的设置

本幻灯片共有三个对象,其出场顺序设置为主标题→图片→内容文本框。

幻灯片中的对象设置动画效果后,在对象的左上角都会有一个阿拉伯数字,这个数字标明了出场的顺序。数字越小,出场越早。但是将动画触发类型设置为"上一个动画之后",则从数字就看不出出场顺序了。

最好的方法是打开【动画窗格】,在【动画窗格】中设置出场顺序。

(1)打开【动画窗格】。

切换到【动画】选项卡,在【高级动画】分组中,单击【动画窗格】命令,打开【动画窗格】侧边栏(右侧)。

【动画窗格】中列举了所有设置了动画效果的对象。对象从上到下的顺序就是目前幻灯片对象的出场顺序。

（2）调整出场顺序。

【动画窗格】上方的 ▲ ▼ 按钮就是用来调整出场顺序的。

在【动画窗格】中选择"Picture 3"对象，单击【动画窗格】上方的三角向上按钮 ▲，使"Picture 3"对象往前移动。一直单击三角向上按钮，直到"Picture 3"位于"标题1：一、物态变化、温度"的下方为止，如图11-12和图11-13所示。

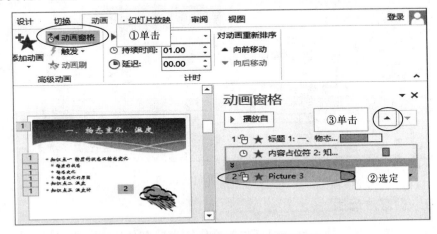

图 11-12　调整对象出场顺序操作

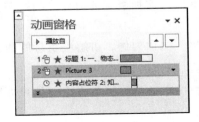

调整后，对象的出场顺序为：
1 标题 1；
2 图片（Picture3）；
3 内容文本框。

图 11-13　调整后对象出场顺序

11.4.4　超链接的设置

1．选定超级链接文本对象

在第 2 张幻灯片中选择"一、物态变化 、温度"文本。

2．设置超链接

（1）切换到【插入】选项卡，在【链接】分组中单击【超链接】命令，弹出【插入超链接】对话框。

（2）在【插入超链接】对话框中，左侧【链接到：】选择【本文档中的位置】，在中间栏【请选择文档中的位置】选择"3 一、物态变化、温度"文本。

（3）单击【确定】按钮，如图11-14所示。

其他的超链接也类似操作。

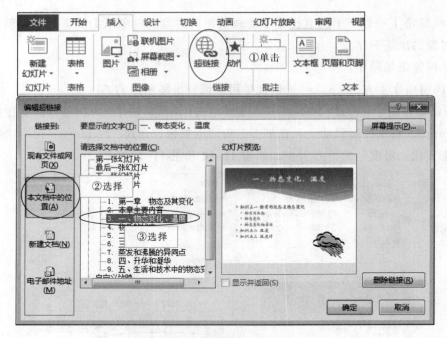

图 11-14　设置超级链接

11.4.5　幻灯片母版

在编辑演示文稿时，插入新的幻灯片的操作，本质上是从各种版式的幻灯片中复制出来的。修改某种版式的布局结构将影响所有应用这种版式的幻灯片的结构。修改幻灯片母版可以修改版式的布局结构。

下面以在所有幻灯片的左上角插入"徽标"图片为例，讲解编辑母版的方法。

1．进入幻灯片母版视图方式

（1）切换到【视图】选项卡，在【母版视图】分组中，单击【幻灯片母版】命令，进入幻灯片母版编辑界面，如图 11-15 所示。

图 11-15　【视图】选项卡

（2）在工作区左侧栏的母版缩列图中单击选定第 1 张幻灯片。

注意：第 1 张幻灯片（图形较大）称为幻灯片母版，其余幻灯片称为版式母版，如图 11-16 所示。修改幻灯片母版可以影响所有幻灯片，修改版式母版只影响使用该版式的幻灯片。

2．插入"徽标"图片文件

（1）单击幻灯片母版，使其成为活动幻灯片。

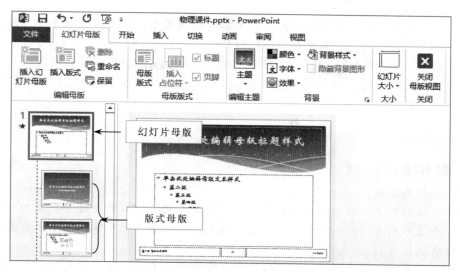

图 11-16 幻灯片母版视图

（2）切换到【插入】选项卡，在【图像】分组中单击【图片】命令，打开【插入图片】对话框。

（3）在【插入图片】对话框中选择所需的图片（素材/案例十一/素材图片/徽标.png）。

（4）单击【插入】命令。

3. 调整"徽标"图片大小和位置

（1）恰当调整"徽标"图片的大小，并拖动到幻灯片母版的左上角，效果如图 11-17 所示。

（2）复制"徽标"图片。

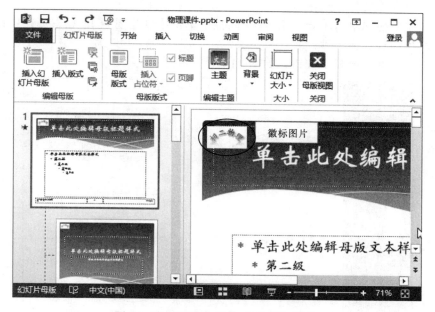

图 11-17 母版中插入"徽标"图片

（3）查看下方的所有版式幻灯片，如果哪一张版式幻灯片没有徽标图片，可以将幻灯片母版的"徽标"图片复制粘贴到该幻灯片。

关于第（3）步的说明：我们在幻灯片母版上插入了"徽标"，那么所有版式幻灯片都应该有"徽标"图片，但有些版式不显示"徽标"图片，这是因为这些版式设置了隐藏背景图形功能。

相关知识

母版的种类

（1）幻灯片母版。

新建一张幻灯片，实际上是从幻灯片版式中复制的。可以修改这些版式的结构，比如添加一些图形元素（比如徽标），修改标题的字体、字号、字体颜色等，甚至可以自定义一种新的版式。

在幻灯片母版视图方式下，左侧幻灯片缩略图中第 1 张幻灯片称为"幻灯片母版"。在这张幻灯片上修改，将影响所有幻灯片。其余的是版式母版，在版式母版上修改，只影响使用这种版式的相应幻灯片。

（2）讲义母版。

讲义母版是定义将演示文稿打印成纸张材料的幻灯片格式设置。

（3）备注母版。

备注母版主要是定义当幻灯片与备注一起打印时的外观。

11.4.6 演示文稿的导出

演示文稿有 5 种导出结果。下面以导出为视频文件为例进行讲解。

（1）切换到【文件】选项卡。

（2）在左侧栏中单击【导出】，在中间栏中单击【创建视频】，在右侧栏中设置好放映每张幻灯片的秒数为 5 秒。

（3）单击【创建视频】按钮，如图 11-18 所示。

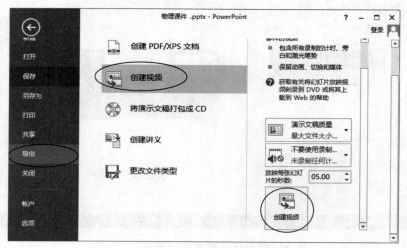

图 11-18　演示文稿导出为视频文件

**相关知识**

演示文稿的导出操作并不复杂，可以说很简单，关键是理解导出结果文件的意义。

1. 创建 PDF/XPS 文档

PDF 或 XPS 文档是一种文档格式，具有如下特点：

（1）PDF 文件打印时可保证打印质量。PDF 以 PostScript 语言图像模型为基础，无论在哪种打印机上都可保证精确的颜色和准确的打印效果，即 PDF 会忠实地再现原稿的每一个字符、颜色以及图像。

（2）PDF 文件是一种通用的文件格式，适用于大部分操作系统。PDF 是一种可移植文档格式，这种文件格式与操作系统平台无关。PDF 文件不管是在 Windows、UNIX，还是在苹果公司的 Mac OS 操作系统中都是通用的。

（3）PDF 文件的集成度高。PDF 可以将文字、字型、格式、颜色及独立于设备和分辨率的图形图像等封装在一个文件中。该格式文件还可以包含超文本链接、声音和动态影像等电子信息，支持特长文件，集成度和安全可靠性都较高。

（4）PDF 文件的阅览效果和感受优于其他格式。用 PDF 制作的电子书具有纸版书的质感和阅读效果，可以逼真地展现原书的原貌，而显示大小可任意调节，给读者提供了个性化的阅读方式。

（5）PDF 文件不易被修改，文件格式比较稳定，在不同的计算机，不同的操作系统中都极少会出现乱码、无法打开等情况。

（6）PDF 文件使用了工业标准的压缩算法，通常比其他文件类型体积小，易于传输与储存。

注意：PDF 是 Adobe 公司推出，XPS 是微软公司推出。阅读 PDF 文件需要安装 PDF 浏览器。

2. 将演示文稿打包为 CD

打包就是将相关文件保存到一个文件夹中或打包到 CD 光盘中。

如果计算机具有刻录光盘的功能，通过此项功能，可以将演示文稿包括演示文稿的相关文件（如超级链接文档、视频文件、声音文件等）刻录到 CD 光盘中。

如果计算机没有刻录光盘的功能，通过此项功能，可以将演示文稿以及演示文稿的相关文件打包保存到某个文件夹中。

打包，其最大的作用就是将演示文稿以及演示文稿相关的文件，保存到一个文件夹中，保证演示文稿能在其他计算机中正常播放。

如果演示文稿比较复杂，有声音文件、视频文件和其他链接的文件等，最好将其打包。如果文件比较简单就不必要打包了。

3. 创建视频

将演示文稿导出为视频时，演示文稿的文件格式变为视频格式，这样不安装演示文稿软件的计算机也能播放演示文稿。

4．创建讲义

导出为创建讲义，将会创建一个新的 Word 文档。幻灯片以图片的形式插入到 Word 文档中。

5．其他文档类型

导出为其他文件类型，功能等同于将文件"另存为"。可以利用这个功能将演示文稿的幻灯片保存为图片格式。

11.4.7 演示文稿的打印

我们可以将幻灯片打印到纸张材料中，如何设置打印效果呢？

下面以一张 A4 纸打印 4 张幻灯片为例进行讲解。

（1）切换到【文件】选项卡。

（2）单击左侧栏的【打印】命令，在中间栏的打印设置中选择"四张水平放置幻灯片"，如图 11-19 所示。

（3）单击【打印】命令。

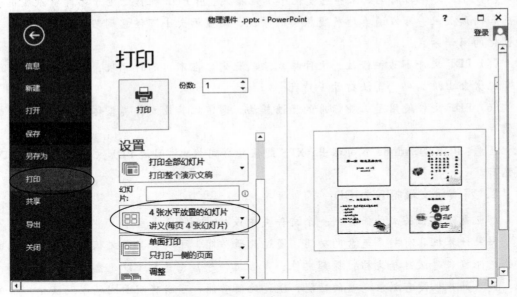

图 11-19　打印设置

11.5　实训操作

实训　制作相册演示文稿

学院摄影社团今年的摄影比赛结束后，借助 PowerPoint 将优秀作品在总结会中进行展示。

操作要求：

（1）启动 PowerPoint，新建空白的演示文稿。

（2）创建相册。

① 利用 PowerPoint 创建一个相册，相册包含摄影作品共 12 张相片，每张幻灯片包含 4 张相片，并将每幅图片设置为"居中矩形阴影"相框形状。

② 相册使用外部主题"相册主题.pptx"。

③ 在标题幻灯片之后插入一张幻灯片，版式为"标题和内容"。在标题文本框中输入"摄影社团优秀作品赏析"。在内容文本框中插入 SmartArt 对象，对象类型为"蛇形图片题注列表"，并将 Photo（1）、Photo（6）和 Photo（9）三张图片定义为该 SmartArt 对象的显示图片。图片 Photo（1）下方的文本框中输入"湖光春色"，Photo（6）下方的文本框中输入"冰雪消融"，Photo（9）图片下方的文本框中输入"田园风光"。

④ 设置超链接，使得单击"湖光春色"标注形状，跳转到第 3 张幻灯片，单击"冰雪消融"标注形状，跳转到第 4 张幻灯片，单击"田园风光"，跳转到第 5 张幻灯片。

⑤ 设置一种幻灯片切换方式。

⑥ 将"elphrg01.wav"声音文件作为该相册的背景音乐，并在放映时开始播放。

（3）保存相册。将相册保存到"我的作品/案例十一/实训 1"文件夹中，文件名为"摄影比赛相册"。

操作提示：

（1）在演示文稿中建立相册。

① 启动 PowerPoint 应用程序，单击【插入】选项卡【图像】分组中的【相册】命令按钮，在下拉菜单中选择【新建相册】，如图 11-20 所示，打开【相册】对话框。

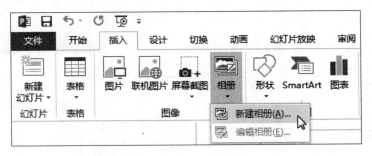

图 11-20 新建相册

② 在【相册】对话框中单击【文件/磁盘】按钮，在弹出的对话框中选择"实训 1/素材图片"文件夹的 Photo(1).jpg～Photo(12).jpg，共 12 张图片。

③ 在【相册】对话框中设置【图片版式】为"4 张图片"；设置【相框形状】为"居中矩形阴影"；单击【创建】按钮即可创建新相册，如图 11-21 所示。

④ 在主题文本框中通过【浏览】按钮，选择"素材/案例十一/实训 1/相册主题.pptx"；

⑤ 单击【创建】按钮。

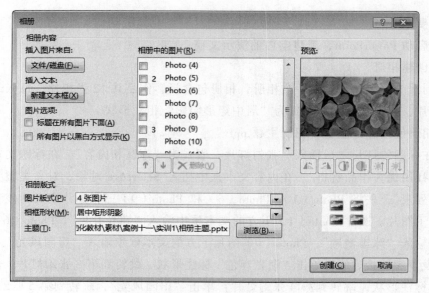

图 11-21 【相册】对话框的设置

（2）插入 SmartArt 对象。

① 新建幻灯片。在第 1 张幻灯片的下方插入一张幻灯片。幻灯片的版式为"标题和内容"，在标题文本框中输入"摄影社团优秀作品赏析"。

② 插入 SmartArt 对象。在【选择 SmartArt 图形】对话框中选择【图片】中的"蛇形图片题注列表"，单击"确定"按钮，如图 11-22 所示。

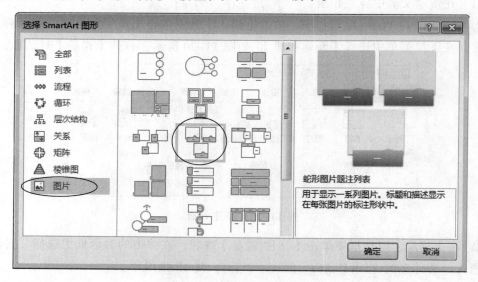

图 11-22 选择 SmartArt 对象

③ 在 SmartArt 对象的形状中插入图片和输入文字。图片从左到右分别为 Poto（1）、Poto（6）和 Poto（9）。文字分别为"湖光春色""冰雪消融"和"田园风光"，如图 11-23所示。

图 11-23 在 SmartArt 对象中输入文字和插入图片

（3）设置超链接。

在制作超链接时，不要选定文字，而是选定文本框，如图 11-23 所示，选定"湖光春色"文本框，这样效果比较好。选定之后单击【插入】选项卡【链接】分组的【超链接】命令进行设置。

（4）插入背景音乐。

① 切换到第 1 张幻灯片，单击【插入】选项卡【媒体】分组中的【音频】按钮，选择【PC 上的音频】，如图 11-24 所示。在弹出的【插入音频】对话框中选定"素材/案例十一/实训 1/素材图片"文件夹下的"ELPHRG01.wav"声音文件，单击【插入】按钮，将音频文件插入到幻灯片。

图 11-24 插入选项卡【媒体】分组

② 选中音频（显示为喇叭图标），切换到【音频工具】/【播放】选项卡，在【音频选项】分组中设置【开始】方式为"自动"，勾选"循环播放，直到停止"和"放映时隐藏"两个复选框即可，如图 11-25 所示。

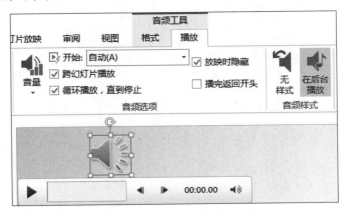

图 11-25 音频对象设置示意图